逆解析の理論と応用
建設実務のグレードアップとコストダウンのために

脇田英治 著

[CD-ROM]

FORTRAN/MATLABによる解析プログラム・入力データ集付き

技報堂出版

まえがき

　従来，社会・自然界における問題・課題の検討には，数値解析法として「順解析」が主に用いられてきた．本書の記述の対象である「逆解析」は，それとは逆の手順をとる解析法である．

　「逆解析」の研究・開発・適用の歴史は浅い．このことが，いまだに「逆解析」が，定番の解析法として実務に広く浸透していない理由であろう．しかし，一般的に，社会・自然界における問題・課題は複雑であり，「順解析」のみで十分対処できるような場合はむしろ少ない．したがって，社会・自然界における問題・課題の検討に「逆解析」が適用されるケースは今後ますます増え，その重要性は増大すると考えられる．

　本書では，建設の実務（設計・施工管理）を対象に，「逆解析」では何ができるのか，どのような問題に有効に適用できるのか，に始まり，「逆解析」の理論・考え方を具体的に解説するとともに，実際の業務への適用事例を紹介する．

　「逆解析」を実務（設計・施工管理）へ適用するためには数値解析プログラムが必要である．本書では，そのためのプログラムリストを本文の各章に掲載している．さらに，これらのプログラムと解析例の入力データを納めた CD-ROM（テキストファイル——Windows, Macintosh, Unix 共通）を巻末に添付しているので，活用していただきたい．

　本書の記述にあたり，とくに留意した点は次のとおりである．

　工学分野における既往の専門書のなかには，解析理論の説明の部分で，式の展開が記述の中心で，全体が式の羅列という印象の解説書をよく見かける．このような記述法は「数学的な厳密性」という点では優れているが，「読者の理解しやすさ」という点では問題があると思われる．

　一方，羅列された式を眺めていてもその理論の本質がよくわからないが，同じことを図を用いて説明すると，容易に理解できる場合が実は多い．もちろん，式が少な過ぎても，説明が抽象的になり，読者の真の理解の妨げとなる．

まえがき

　このような点を考慮して，本書では，解析理論の説明等に際し，式の羅列とならないよう，式をできるだけ少なく，図説を多くして，読者がより容易に理解できるように配慮している．

[**本書に添付した解析プログラムについて**]

　本書では添付したCD-ROM内にFORTRANとMATLABによるプログラムとデータを収録している．そして，本文ではMATLABのプログラムリストのみを解説しているが，その理由は次のとおりである．

　逆解析の理論が理解できたとしても，それだけでは不完全である．どのような式を用いて，どのような手順で計算していくのか，そこまで理解したとき，真に逆解析法が理解できたと実感できる．そのためにはプログラムリストを理解するのが一番である．

　しかし，FORTRANやC/C++によるプログラムの場合，プログラムリストが長く，かつロジックが難しいために，それを理解することは容易ではない．それに対して，次の図に示すMATLABのプログラムリストは理想的である．

　この図は，本文中の図4.4.2の部分であり，カルマンフィルタ・アルゴリズム(行列計算)をMATLABによりプログラミングした例である．この図を見れば，プログラムがほぼ数式どおりで，理解しやすく，しかも短い(リストの長さはFORTRANの約1/15(添付例における比較結果))ことがわかる．このような理由により，MATLABを保有していない読者にとっても，逆解析法を真に理解する上でMATLABのリストの理解は有効であると考えられる．

　MATLABは最近，急速に普及しつつある数値解析ソフトであり，式の記述が

カルマンフィルタ・アルゴリズム	MATLABによるプログラム
	for j=3:n;
$M_j = [\hat{Y}_{j-1}\ \hat{Y}_{j-2}\ u_{j-1}\ u_{j-2}]$	M = [ye(j−1) ye(j−2) u(j−1) u(j−2)];
$L_j = P_j M_j^T [M_j P_j M_j^T + R]^{-1}$	L = P*M'*inv(M*P*M'+R);
$\hat{X}_j = \hat{X}_{j-1} + L_j [Y_j - M_j \hat{X}_{j-1}]$	x(:,j) = x(:,j−1) + L*(yr(j) − M*x(:,j−1));
$\hat{Y}_j = M_j \hat{X}_j$	ye(j) = M*x(:,j);
$P_{j+1} = (I - L_j M_j) P_j (I - L_j M_j)^T + L_j R L_j^T$	P = (eye(4) − L*M)*P*(eye(4) − L*M)' + L*R*L';
<以上をj=3からnまで，繰り返し計算する>	end;

MATLABによるプログラミング例

ほぼ数式どおりで，プログラムリストが短い等の特徴がある．また，MATLABによれば，解析結果の図化も簡略である．たとえば，説明用の文字の出力を必要としない場合には，plot(x,y)と記述すると，それだけでxとyの関係をプロットした簡明な図が作図される．本文中には入力データとプログラムリスト(計算・図化)，およびその実行により出力される図などを表示しているので，入力から出力までの解析の流れを一貫して理解することができる．

MATLABはFORTRANやC/C++とも互換性が高く，FORTRANやC/C++のプログラムをMATLABに組み込んで実行することや，MATLABのプログラムをC/C++に自動変換して，C/C++として実行することが可能である．

MATLABは，アメリカのMathWorks社の製品であり，世界中で広く使用されている数値解析ソフトである．日本では，日本語のマニュアル付きでサイバネットシステム(株)が販売・技術サポートしている．

以上により，本書は，MATLABではなく，FORTRANやC/C++でプログラミングを行っている読者，およびプログラミングを一切行ったことのない読者，あるいは今後も行う予定のない読者にも，逆解析の理論と応用を理解する上で非常に有用であると確信している．

2000年1月

脇田 英治

目次

1. 逆解析の役割と適用性—1

1.1 逆解析とは …………………………………………………………………………1
1.2 逆解析によってできること ……………………………………………………2
1.3 逆解析の適用条件 ………………………………………………………………5
1.4 逆解析を成功させるコツ ………………………………………………………9
    1.4.1 初期値をうまく設定する …………………………………………………9
    1.4.2 よい解析モデル式を選択する ……………………………………………12
    1.4.3 観測誤差を処理する ………………………………………………………14
    1.4.4 既知情報は極力利用 ………………………………………………………16
    1.4.5 解析法の変更 ………………………………………………………………17
    1.4.6 学習データの適切な選択 …………………………………………………18

2. 逆解析の種類と概要—19

2.1 各種解析法の概要と特徴 ………………………………………………………19
2.2 解析モデル式の種類と特徴 ……………………………………………………22
2.3 最適化手法の概要と特徴 ………………………………………………………24
    2.3.1 概要 …………………………………………………………………………24
    2.3.2 最急降下法 …………………………………………………………………25
    2.3.3 準ニュートン法 ……………………………………………………………25
    2.3.4 ラグランジェの乗数法 ……………………………………………………26
    2.3.5 逐次2次計画法 ……………………………………………………………27
2.4 直接定式化法と逆定式化法 ……………………………………………………28

3. 逆解析の前提となる基本概念—31

3.1 定常と非定常 ……………………………………………………………………31
3.2 マルコフ過程 ……………………………………………………………………32

- 3.3 連続系と離散系 ……………………………………………… *34*
- 3.4 ARMA モデル ………………………………………………… *35*
- 3.5 固有値とその利用 …………………………………………… *38*
- 3.6 ガウス過程 …………………………………………………… *41*
- 3.7 ベイズの定理 ………………………………………………… *42*

4. カルマンフィルタによる逆解析—*45*

- 4.1 基礎方程式 …………………………………………………… *45*
- 4.2 アルゴリズムの誘導 ………………………………………… *47*
- 4.3 ARMA モデルによる定式化 ………………………………… *50*
- 4.4 解析例とプログラム ………………………………………… *52*
- 4.5 一般的なモデル式による定式化 …………………………… *58*

5. 最小2乗法による逆解析—*63*

- 5.1 最小2乗法の基本概念 ……………………………………… *63*
- 5.2 線形最小2乗法と非線形最小2乗法 ……………………… *63*
  - 5.2.1 線形最小2乗法 ………………………………………… *63*
  - 5.2.2 非線形最小2乗法 ……………………………………… *65*
- 5.3 オンライン方式とオフライン方式の関係 ………………… *65*
- 5.4 最小2乗法の前提となる4つの条件 ……………………… *68*
- 5.5 解析例とプログラム（その1） …………………………… *70*
- 5.6 解析例とプログラム（その2） …………………………… *72*
- 5.7 動的解析への適用 …………………………………………… *75*
  - 5.7.1 線形解析への適用 ……………………………………… *75*
  - 5.7.2 非線形解析への適用 …………………………………… *81*

6. ニューラルネットワークによる逆解析—87

6.1 ニューラルネットワークの基本概念 …………………………………… 87
6.2 出力関数 …………………………………………………………………… 89
6.3 バックプロパゲーション法 ……………………………………………… 91
6.4 解析例とプログラム ……………………………………………………… 93

7. ニューロ・ファジィによる逆解析—101

7.1 ファジィ推論について …………………………………………………… 101
7.2 ニューロ・ファジィの基本概念 ………………………………………… 103
7.3 解析アルゴリズム ………………………………………………………… 104
7.4 解析例とプログラム ……………………………………………………… 107

8. 逆解析モデル式の良否評価法—115

8.1 AICによる評価法 ………………………………………………………… 115
   8.1.1 ACIの基本概念とアルゴリズム ………………………………… 115
   8.1.2 解析例とプログラム（その1） …………………………………… 118
   8.1.3 解析例とプログラム（その2） …………………………………… 120
8.2 ベイズの定理による評価法 ……………………………………………… 123
   8.2.1 予測精度の高いモデルをみつけるには ………………………… 123
   8.2.2 解析アルゴリズム ………………………………………………… 123
   8.2.3 解析例 ……………………………………………………………… 125
8.3 ダービン・ワトソン検定 ………………………………………………… 126
   8.3.1 基本概念とアルゴリズム ………………………………………… 126
8.4 フラクタル次元による評価 ……………………………………………… 128
   8.4.1 フラクタルの基本概念 …………………………………………… 128
   8.4.2 フラクタル次元 …………………………………………………… 130
   8.4.3 ネットワークの最適化 …………………………………………… 130

9. 逆解析の適用例―133

- 9.1 山留めの逆解析 ……………………………………………… 133
- 9.2 ボックスカルバートの熱特性の逆解析 ………………………… 135
- 9.3 補強土盛土斜面の逆解析 ……………………………………… 138
- 9.4 建築物の空調の自動制御 ……………………………………… 140
- 9.5 構造物の損傷位置の同定 ……………………………………… 142
    - 9.5.1 浮遊式海洋建築物の解析 ………………………………… 142
    - 9.5.2 複合材料の損傷位置の解析 ……………………………… 145
- 9.6 コンクリートの中性化深度の推定 ……………………………… 146
- 9.7 トンネルの変形量の予測 ……………………………………… 148
- 9.8 建築物の振動制御 ……………………………………………… 151
- 9.9 深礎工事の逆解析 ……………………………………………… 153
- 9.10 近接工事の影響の逆解析 ……………………………………… 156

- 索引 ………………………………………………………………… 161
- プログラムの使用法について ……………………………………… 165

1. 逆解析の役割と適用性

1.1 逆解析とは

 本書の記述対象である「逆解析」と相対する用語は「順解析」である．まず，最初に順解析とは，どのようなものであるかについて述べる．簡単な例として，ある社会・自然界における現象が次のような式で推定できる場合を想定しよう．

$$f(x) = ax + b \tag{1.1.1}$$

 係数 a, b, および x の値が既知である場合には，それらを用いて，式(1.1.1)により容易に $f(x)$ の値を推定することができる．このように，入力データを与えて解析し，解を得る順解析は従来より頻繁に用いられてきた方法である．図1.1.1において，内側の網点部分が順解析を表している．

 それに対して，逆解析は順解析では容易に解が得られない場合に用いられる．すなわち，入力データが精度よく設定できない場合，順解析では精度の高い解を得ることは困難である．そのような場合には，最初のうち，順解析の解に相当するシステムの応答値を観測し，それを用いて，順解析の入力に相当する部分を逆推定する方法が取られる．これが逆解析の典型的な利用例である．このようにして，入力データの推定法や推定精度を確保した後，つぎにそれ以後のデータに対して，順解析を適用すれば，今度は高精度の推定が可能となる．図1.1.1において，網点部分を囲む外側の部分が逆解析を表している．

 図1.1.1に示すように，逆解析では，系の基礎方程式や構造モデル（解析モデル式）を設定し，その応答値と観測値の間の誤差が最小となるように，入力定数やパラメータを推定する方法が取られる（ただし，2.4で後述する逆定式化法はやや異なる）．そのための方法として，後述するカルマンフィルタや最小2乗法などの逆解析手法が用いられる．

1. 逆解析の役割と適用性

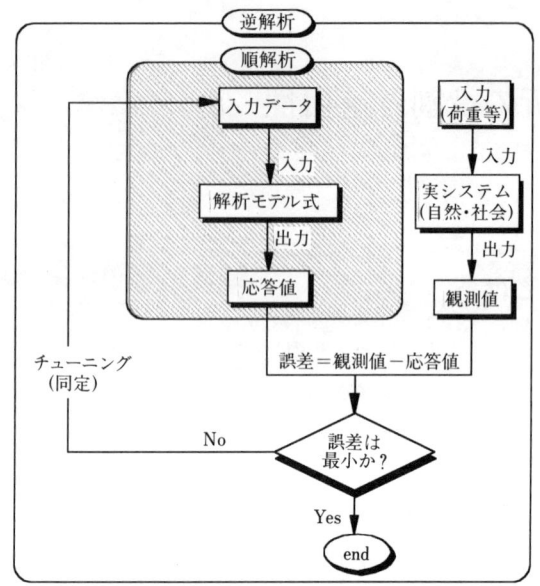

図 1.1.1 順解析と逆解析

1.2 逆解析によってできること

　順解析のみによって，構造物の状態や挙動を正確に推定できるならば，逆解析は不要である．そのようなことが困難な場合に，構造物の状態や挙動をより正確に推定する方法として，逆解析が有効である．

　自然界には不均質なもの，不規則なものが多い．たとえば，地盤の中は不均質であるが，X線CTのようにすべてを見通すことはできない．地震や大雨なども不規則である．これら不均質・不規則の影響を受ける構造物の挙動を，施工前設計の段階に，順解析のみによって正確に推定することは困難である．施工前設計の段階ですべてを把握し，設計・施工計画を立案することは理想ではあるが，現実的ではない．したがって，やむを得ず，施工前設計の段階ではある程度あいまいさを残し，見切り発車で，施工を開始するのである．そして，施工中に構造物の挙動を観測し，その結果を用いて逆解析を行い，設計・施工計画を軌道修正しながら，最終的に最適解に到達させる方法が採られる．以上が逆解析の典型的な

応用法であり，図1.2.1はそのプロセスを示している．

ただし，以上のような方法が常に，うまくいくとは限らない．工種によっては施工の途中で変更や修正が困難なものもあるからである．たとえば，杭の施工は工事の最初にすべて行われるので，逆解析の結果，本数や径を減少させてよいことが，後からわかったとしても，変更することはできない．しかし，同じ杭でも，杭の載荷試験の結果を逆解析し，その結果を本設の設計・施工計画に適用することは可能である．

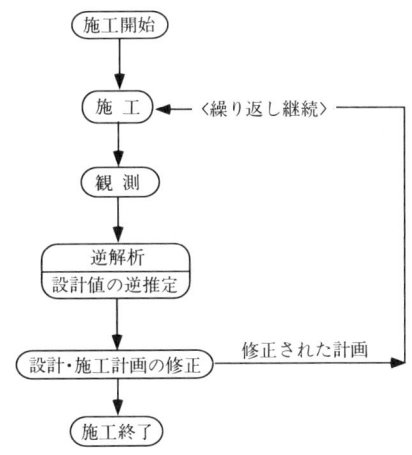

図 1.2.1 逆解析を応用した設計・施工の最適化

要は逆解析を活かす工夫が重要である．そのためには限られた条件の中で，施工途上における変更や修正ができるだけ可能な，フレキシブルな構工法を選択するのも1つの手である．

このような逆解析の応用例を含め，現在，建設工事における設計・施工管理で，逆解析は次のような目的で用いられている．

① 現段階における設計・施工の安全性の確認

現段階において構造物の施工済みの部分の状態や挙動を逆解析により推定することができる．これにより施工されたものが設計どおりの安全性を確保していることを確認することができる．たとえば，掘削が進むにつれて，連続地中壁の応力が上昇する場合，逆解析により工事の各時点で工事の安全性や品質管理の状態を確認する方法がとられる．

② 次段階における設計変更・施工計画の目安を得る

現段階における構造物の状態や挙動を逆解析することにより，順解析の入力データに相当するパラメータを同定することができる．つぎに，それを入力データとして用いて，順解析により次段階以降における構造物の状態や挙動を推定することができる．そして，その結果に基づいて，次段階以降の施工計画を立てたり，設計変更の必要性を判定することができる．工事が進むにつれて，掘削深さが深

1. 逆解析の役割と適用性

くなっていく山留めの施工などはこの例である．

③ 将来の同種の工事の設計・施工管理用の情報を得る

逆解析により得られた知見を蓄積すれば，将来同種の工事を施工する場合，設計値を設定するときなどに大いに参考になる．たとえば，アースダムの漏水量や透水係数が既施工の工事で計測・逆解析されていれば，新たにアースダムを計画・設計する場合に，貴重な参考資料となる．

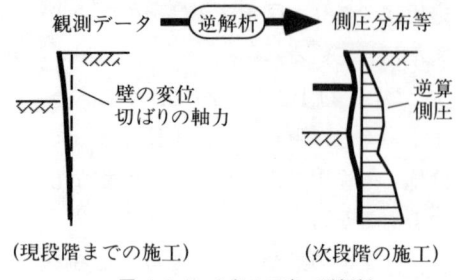

図 1.2.2　山留め工事の逆解析

④ 次工区における設計・施工計画のための情報を得る

堤防工事のように延長が長い場合や，空港工事のように大規模工事においては，施工場所をいくつかの工区に分け，順々に施工していく．図 1.2.3 に示すように，先行の工区で得られた逆解析値を，後行の工区における設計・施工に利用することにより，設計の精度を向上させることができる．結果として，経済性の向上・工期の短縮などに役立てることができる．

⑤ 維持管理のための情報を得る

構造物の完成後の維持管理・補修のための情報を得るために，逆解析が利用されている．たとえば，構造物は老朽化すると，クラックなどが生じ，振動特性が変化する．そこで，竣工直後から定期的に微振動を与えて，構造物の振動計測を

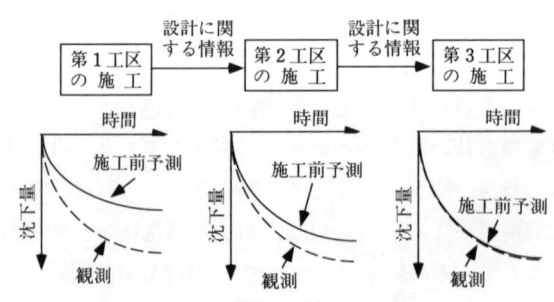

図 1.2.3　逆解析による予測精度の向上

行い，その結果を逆解析すると，構造物の振動特性(固有振動数や曲げ剛性)の推移を把握することができる．この結果は構造物の健全性の判定などに利用できる．

⑥　リアルタイム自動制御

トンネル掘削マシンの自動方向制御や地震時の制震装置の自動制御などに逆解析が用いられている．このように，即座に判定して，最適な処置法を決定する必要がある場合，ニューラルネットワークやニューロ・ファジィが有効である．

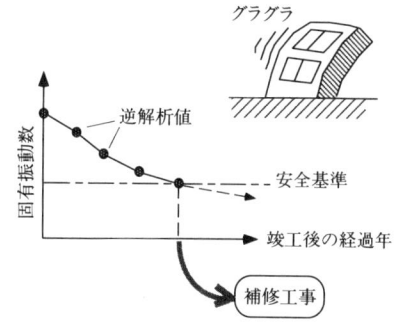

図 1.2.4　建物の健全性の判定

⑦　解析モデル式の推定精度をチェックする

複数の解析モデルを用いて逆解析を行い，その結果を第8章で後述するモデル式評価法により判定することにより，解析モデルの推定精度を把握することができる．

1.3　逆解析の適用条件

逆解析はどんな場合にも適用できるわけではない．また，逆解析を適用すれば，一応，解が得られるとしても，以下に述べる必要条件を満足していなければ，そ

1. 逆解析の役割と適用性

の解は有効であるとはいい難い．

次の連立方程式には未知数が4つあるが，式は2つしかない．

$$5x_1 - 2x_2 + x_3 + 4x_4 = -3 \qquad (1.3.1)$$
$$3x_1 + 5x_2 - 4x_3 - x_4 = 10 \qquad (1.3.2)$$

図 1.3.1 は，この式における未知数のうち x_1，x_2 が与えられたとき，x_3 の取り得る値の範囲を示している．図からわかるように，x_3 はどのような値でも取り得る．

以上の例で，x_1 と x_4 の観測値が与えられているとき，x_3 の値を同定する問題は逆解析の一種である．x_1 と x_4 の観測値が与えられていることにより，式(1.3.1)と式(1.3.2)という2つの条件式が立てられる．しかし，x_2 という未知数がまだ他に存在している．したがって，解を得るためには，x_2 の値を仮定する必要がある．ところが，図 1.3.1 からわかるように，x_2 の値をどのように仮定するかにより，x_3 はどのような値でも取り得る．

一般的な逆解析の場合もこれと同じである．未知数の数よりも，条件式の数が少なければ，解はどのような値でも取り得る．このことがよく忘れられて，逆解析が行われることがしばしばある．

その具体例として，図 1.3.2 のような有限要素法の解析モデルを用いて，逆解析を行う場合を取り上げ，調べてみよう．この解析モデルは建物荷重が地盤に作用している状態を表している．沈下量を観測しているポイントが地表面に3箇所あり，その観測データを用いて，地盤のヤング率とポアソン比を逆推定したいとする．

この場合，［観測モデルによる沈下量推定値＝沈下量観測値］とする式が逆解析を行うための連立方程式になるが，観測ポイントが3点しかないため，他の既知情報がなければ，連立方程式はたったの3つである．

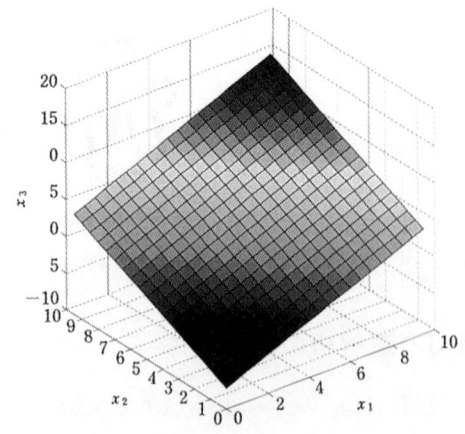

図 1.3.1　未知数 x_3 の取り得る値の分布

1.3 逆解析の適用条件

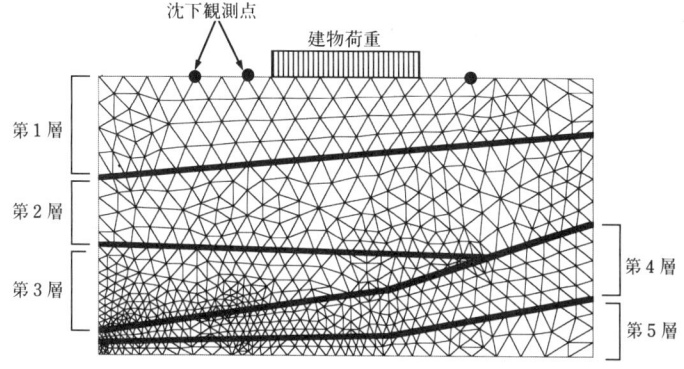

図 1.3.2 逆解析のための有限要素法の解析モデルの例

　ここで，連立方程式の数が3つである理由について補足しておく．このケースは線形弾性体モデルによる静的解析であるため，連立方程式は3つである．動的解析や粘弾性解析において，観測データが時系列的に得られていれば，時間軸方向に方程式の数が増加する．また，弾塑性解析において，荷重を徐々に増加させたときの変形の経時変化が観測されていれば，連立方程式の数は増加する．

　話が横道に逸れたが，連立方程式がたったの3つであるというところへ，話を戻そう．それに対して，地盤の中はいろいろな地層が入り組んでおり，かつ1つの地層内でも厳密には土質は不均一である．したがって，未知数である地盤のヤング率とポアソン比は厳密には要素の数だけある．したがって，[未知数の数≫連立方程式の数]であり，この条件を満足する各要素のヤング率とポアソン比の組み合わせは無数にある．

　このままでは解が求まらないため，解を得るため仮定が用いられる．たとえば，「すべての要素のヤング率とポアソン比は共通のただ1つの値である」という仮定を設定したとしよう．これにより，未知数の数は全部で2つとなる．したがって，[未知数の数＝2＜3＝連立方程式の数]という関係になり，唯一の解が求まる必要条件が整ったことになる．したがって，このケースの場合，解析上の仮定が妥当であり，かつ観測誤差に関する問題がなければ，観測ポイントが3箇所しかなくても，妥当な解が求まるといえる．

　この場合の仮定としては，上述したもの以外に，実は暗黙のうちに次のような

1. 逆解析の役割と適用性

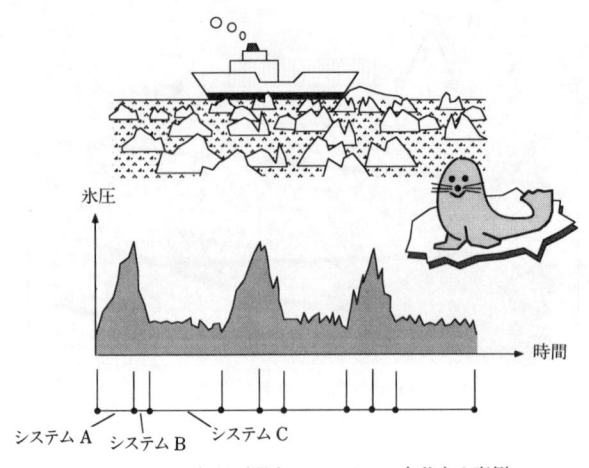

図 1.3.3　1解析区間中にシステムが変動する事例

仮定が設定されている．地盤は土粒子と間隙水で構成された物質であるのに，地盤の挙動をヤング率とポアソン比だけで表すことのできる線形弾性体であるとしたことも仮定である．その他，地盤は無限に広がるものであるのに，適当に区切って，その境界の支持状態を設定したことも仮定である．その他にも仮定はある．これらの仮定のどれか1つでも妥当でなければ，逆解析の解は無効である．したがって，どんな問題にも逆解析が有効であるというわけではない．

　もう1つの問題として，推定誤差の問題がある．極端なケースとして，観測データのうち，いくつかの観測ポイントにおける値が無効なものであれば，その分，前述の「連立方程式の数」は減少することになり，それにより逆解析の解が無効となることもある．観測値が無効とまではいかなくても，つぎに述べる条件を満足していなければ，妥当な解を得ることはきわめて困難である．その条件とは，推定誤差(＝観測値－推定値)が偏ったり，分布が途中から大きく変ることなく，全観測期間を通じてほぼ一定の確率分布に従うものであるということである．

　もう1つ逆解析の適用が困難なケースがある．解析対象の期間，あるいは区間において，システムが変動する場合である．たとえば，氷海を進む砕氷船の挙動を考えてみよう．砕氷船が氷板を割りながら海の中を進む場合，一区間の氷板が割れるまでは1つのシステムである．つぎにそれが割れた後，少しの間スムーズ

に進むのは，もう1つの別のシステムである．そして，また，次の堅い氷板に突き当ることにより，新たなシステムへと入っていく．

このような問題に対して，全体を一塊のシステムとして近似的に扱い，妥当な解が得られる解析モデルが存在するならば，全データを一度に取り扱う逆解析は可能である．しかし，このような問題においては，一般的には，運動方程式が絶えず変化しているので，1つの運動方程式を設定し，全区間の挙動を統一的に説明できるパラメータ値を同定しようとしても，有意な解は得られない．

以上のように，絶えずシステムが変化しないまでも，途中で環境変化や塑性化等によりシステムが大きく変化する場合には，変化の前後でデータを2つに分け，別々の取扱いをする必要がある．

以上，結論として，逆解析を行えば，解を得ることは比較的容易であるが，その解が有効であるためには，次のような条件が満足されなければならない．これらの条件が満足されるような問題であるか，満足されるような逆解析の方法が取られるとき，逆解析は初めて有効であるといえる．

［逆解析の解が有効であるための必要条件］
① 解析モデルやモデル式が妥当である．
② 未知数の数が連立方程式の数以下である．
③ 推定誤差が一定の確率分布に従ったものである．
④ 解析期間中にシステムの大きな変動がない．

1.4 逆解析を成功させるコツ

1.4.1 初期値をうまく設定する

最小2乗法による逆解析においては，解析を実施すると，モデル式のパラメータの値が同定される．つまり，解析の結果として，パラメータの値は明らかとなるのであり，解析の開始時点では，パラメータの値は不明である．ところが，解

1. 逆解析の役割と適用性

析のアルゴリズムの構造上，解析の開始時点において，パラメータの初期値を与える必要がある．この初期値の与え方が解析結果に大きく影響する．

図1.4.1は最小2乗法による逆解析における目的関数の値の分布の例を表している．水平方向の x 軸と y 軸がパラメータの値，z 軸が目的関数の値である．目的関数の値が

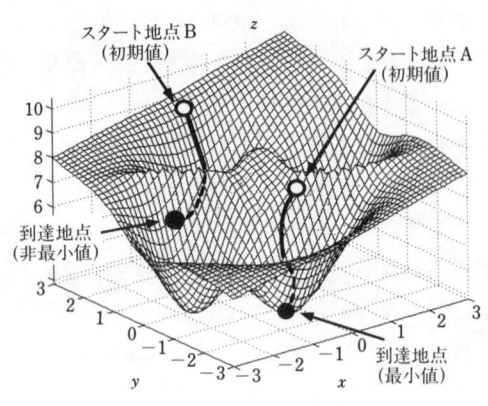

図 1.4.1　目的関数が描く曲面の例

最小となる位置（図1.4.1においてもっとも深い谷底の点）が逆解析の解である．初期値からスタートして，目的関数が最小となるよう解の探索が続けられる．ところが，初期値の与え方が悪いと，この分布図上のどこかの点で，解析が終了してしまい，最適解には至らない．

最小2乗法による逆解析では，目的関数の最小値を求める手法（最適化手法）として準ニュートン法や最急勾配法が用いられる．これらの手法は初期値から始めて，パラメータの値を変化させたときの目的関数の変化勾配を求め，勾配の小さい方への移動を繰り返し，最適解に到達しようとするものである．ところが，図1.4.1に示すように，解曲面が複雑であると，最適解に至る途中の小山をのりこえることができず，小山の手前の峠を最適解であると判断して，そこで解析が終了してしまう．

図1.4.1はシビアな例であり，実際には解曲面が比較的滑らかで，容易に解に到達する場合もある．対象とする問題によりケースバイケースであり，目的関数の曲面が滑らかなケース，複雑なケースがあり，千差万別である．しかし，差し迫る問題を解決するためには，どのような場合にもゴールに到達できる方策が必要である．

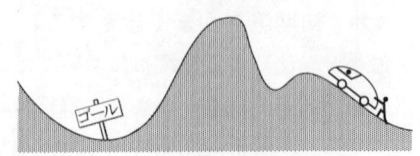

後述する5.5では最小2乗法による逆解析の解析例とそのプログラムを示している．その中の図5.5.2でパラメータの初期値として[a　b]＝[100　0]という値を設定し，解として，[a　b]＝[106.4　−0.083]を得ている（図5.5.4参照）．ここで，もしも，[a　b]＝[1　1]という初期値を与えた場合には，正解には至らない．つまり，初期値の設定が解析の成否を握っているといえる．

　逆解析を成功させるためには，この小山をのりこえて，最適解に到達する方法を採用しなければならない．しかし，残念ながら現在のところ，この問題を解決する合理的手法は確立されていない．便宜的な対策として，次のような方法が有効である．

<**対策1**>　　パラメータの初期値を網の目のように数多く設定し，それぞれについて，目的関数の最適化を実施し，解析結果の中で目的関数が最小となるケースを採用する．

<**対策2**>　　解析モデル式は物理的，あるいは力学的な現象と対応するものである．したがって，そのパラメータも物理的・力学的な意味をもっている．そこで，物理的・力学的な考察に基づいて，パラメータの値が取り得る値を概略設定することは可能である．たとえば，逆解析により地盤のヤング率とポアソン比の値を同定する場合，物理的・力学的な考察によって，概略値を設定することは困難ではない．このようにして得た概略値を初期値とすれば，より最適解に到達しやすい．

<**対策3**>　　パラメータを変化させたとき，目的関数が描く曲面をグラフ表示(たとえば，図1.4.1)し，最適解の位置や目的関数の勾配変化の滑らかさの程度を視覚的に観察すれば，解法上の助けとなる．

<**対策4**>　　2.1で後述するが「遺伝的アルゴリズム」と「カオス的最急降下法」は他の手法と比べて，より局所解からの脱出能力が高いことが示されている．「遺伝的アルゴリズム」の場合には，突然変異と呼ばれるパラメータ値のバーストがあるので，それが解の停留からの脱出に寄与する．また，「カオス的最急降下法」の場合には，カオスの遍歴的な特性が局所解からの脱出に効果があるとされている．これらの解法を利用するのは1つの手である．

1.4.2 よい解析モデル式を選択する

実現象を数値解析により再現するためには，解析モデル式が必要である．実現象をひき起こす自然や社会のメカニズムは非常に複雑である．それに比べると，解析モデル式は構造が単純であるので，解析モデル式により実現象を完全に再現することは一般的には不可能である．

完全には再現できなくても，より解析解を実現象に近づけるためにはどうすればよいか．この答えは，「実現象のメカニズムに近づけるために，解析モデル式を複雑にすればよい」というものではない．答えはむしろ逆である．

第8章でモデル式の評価法について後述するが，その中の1つ「AIC」（赤池情報量規準）により，モデル式の良否を評価できることは広く知られている．実際にAICを用いて，モデル式の良否を評価してみると，単純な1次式の方がより複雑な5次式や有限要素法よりもモデル式として良好である例も多々ある．第8章の例題ではそのような計算例を示している．

よいモデルとは，それによる推定値の確率分布が実現象における真の値の確率分布に近いモデルである．複数のモデル式を用いて逆解析を行い，結果についてAICを算定すると，どれがよいモデルか判定できる．したがって，逆解析の当初においては，1つの解析モデル式に限定することなく，複数の解析モデル式でスタートし，AICの算定結果に基づいて，推定精度の高いモデルを最終的に1つに絞っていくような解析の進め方が望ましい．

単純なモデルが複雑なモデルになぜ優るのか，それについて説明を補足しよう．図1.4.3は1.3でも示した有限要素法の解析モデルである．この解析モデルにより図のA点の沈下観測データを用いて，逆解析を行い，同定されたパラメータを用いて，沈下を予測する場合を想定しよう．この解析は1.3で前述したような問題（パラメータが多過ぎる等）があり，精度の高い沈下予測を行うことはなかなかたいへんである．

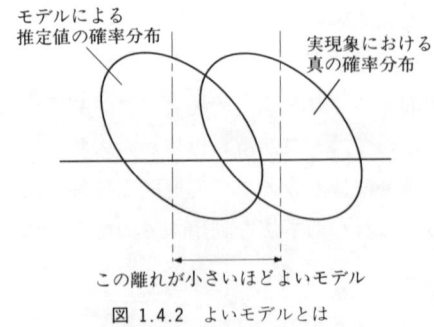

図 1.4.2 よいモデルとは

ところが，同じ沈下予測を，次のような，ただ一行の微分方程式の逆解析により達成することができる[1]．

$$\dot{x} = Ax + Bu \qquad (1.4.1)$$

この微分方程式は著名なBiot（ビオ）の圧密理論と等価であることが理論的に明らかにされている[1]（詳細は3.4で後述）．また，沈下観測点Aの沈下挙動は他の沈下観測点の観測値とは無関係に切り離して，単

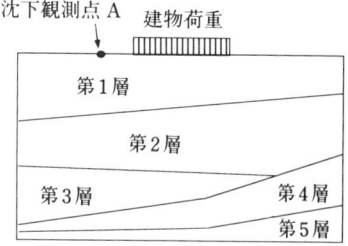

図1.4.3 逆解析のための有限要素解析モデルの例

独に取り扱っても，ビオの圧密理論に従うことも理論的に明らかにされている[2]．したがって，沈下観測点Aだけに関係する式(1.4.1)により沈下を逆解析・予測することは理にかなっているといえる．式(1.4.1)の含むパラメータの数は有限要素法の場合と比べてきわめてわずかであるので，AICを比較すれば，式(1.4.1)に軍配が挙がることになる．

式(1.4.1)の含む数少ないパラメータは有限要素法の場合と比べ，多くの地層の特性を総合的に表したようなものである．順解析によりこの値を推定することは困難である．しかし，逆解析を行えば，このパラメータの値を同定することは，観測データさえあれば容易である．

それに対して，有限要素法の場合には，地層ごとに，多くのパラメータが存在し，その数が多すぎて，パラメータ値の同定を困難なものにしている．つまり，式(1.4.1)の場合には，数少ないパラメータが，多くの地層の特性がミックスされた総合的な指標として機能しており，そのことが幸いしているのである．

単純なモデルが複雑なモデルに優るもう1つの理由は次のとおりである．たとえば，土砂斜面の安定性を解析する場合，図1.4.4に示すような円弧すべり法が現行設計でもよく用いられる．しかし，円弧すべり法は現実のすべりのメカニズムとはかなり異なる．つまり，現実のすべりは図1.4.4に示す解析モデルのような剛塑性体すべりではなく，また，実際の

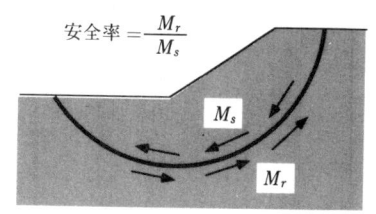

図1.4.4 円弧すべり法による斜面安定解析

1. 逆解析の役割と適用性

斜面崩壊は3次元的なすべり面であるのに，解析モデルは2次元すべり面である．
このような矛盾があるにもかかわらず，有限要素法による斜面安定解析よりも円弧すべり法の方が一般的には信頼性が高い．円弧すべり法によれば，安全率をどの程度に設定すれば崩壊し，どの程度以上であれば安全であるかがほぼ知られている．これは伝統的に円弧すべり法が設計・施工に用いられてきた積み重ねの効果である．

斜面安定の問題に限らず，他の分野においても，このように解析法の長い適用の歴史の間に優れた解析法は残り，そうでないものは消えている．このような歴史の試練に耐えた解析モデルはたとえシンプルなものであっても，よいモデルと評価できる．

1.4.3 観測誤差を処理する

前述の1.3で逆解析の解が有効であるための条件として，推定誤差が一定の確率分布に従っていることが求められることを指摘した．観測データ全体について，推定誤差が一定の確率分布に従っていない場合は論外である．

他のケースとして，観測誤差の分布が途中で変り，観測データの前半と後半で観測誤差の分布が相違する例がある．このようなケースは，たとえば，途中で測定機器を交換したような場合に起り得る．

このようなデータを用いる逆解析においては，観測データを分布が変る前後で全データを2つに分け，それぞれのデータについて逆解析を単独で行い，後で同定結果について，相互の関連性について検討すれば対処できる．

もう1つのケースとして，データの大部分については問題がないが，一部分に異常値が含まれている場合がある．観測データに含まれるこのような異常値は除外するのが好ましい．しかし，どれが異常値であり，異常値でないのはどれか，定量的に判定することはなかなか難しい．

このような場合の異常値の判定・除去法として，次のような方法が有効である．

＜しきい値による方法＞ 多くの逆解析法では，次のような目的関数を最小化するように，解を同定する方法がとられる．

$$J = \sum_{j=1}^{n}(y_j - \hat{y}_j)^2 \tag{1.4.2}$$

ここに，y_j $(j=1, 2, \cdots, n)$ は観測値，$\hat{y}_j$ はそれに対応する推定値である．

重み係数 w_j という概念を新たに定義し，目的関数を式 (1.4.3) のように設定する．

$$J = \sum_{j=1}^{n} w_j (y_j - \hat{y}_j)^2 \tag{1.4.3}$$

重み係数 w_j の取り得る値は 1，または 0 である．すなわち，y_j の値が正常なときは $w_j=1$，異常なときは $w_j=0$ とおく．このような判定・処理ができれば，異常値を除去することができ，異常値が解析へ及ぼす影響を未然に防止することができる．

ここで残る問題は観測値 y_j が異常値かどうかの判定をどのように行うかである．そのための方法として，残差（＝|観測値−推定値|）が所定の限界値（しきい値）をこえるとき，異常値と判定する方法が有効である．「しきい値」は技術者の経験により設定するか，確率論に従って，観測誤差の $\pm 3\sigma$（σ は標準偏差）に設定するなどの方法がとられる．

＜補間による方法＞　後述するカルマンフィルタのようなオンライン方式の逆解析においては，入力データとして，観測データは一定間隔で観測されたものが要求される．しかし，現実には，休日や天候などの影響があり，完全に一定間隔で観測されたデータを準備することは困難である．

このような場合の欠測値の補間法としては「ラグランジェの補間法」や「多項式の近似曲線の最小 2 乗法によるあてはめ」などの方法が知られている．このうち，ラグランジェの補間法の場合には，補間しようとする点の前後数点の値に対して，高次多項式をあてはめ，その誤差が最小となるよう補間値が求められる．

n 個の観測値 (x_j, y_j) $(j=1, \cdots, n)$ を用いて，x_0 における y_0 を推定しようとするとき，ラグランジェの補間法による推定式は次のとおりである．

$$y_0 = \sum_{j=1}^{n} \left\{ y_j \prod_{i \neq j} \left(\frac{x_0 - x_i}{x_j - x_i} \right) \right\} \tag{1.4.4}$$

ここに，$\prod_{i \neq j}$ は $(i=j)$ 以外の項のすべての積を意味する数学記号である．

欠測値に限らず，ラグランジェの補間法を上述した異常値の除去処理に用いることができる．図 1.4.5 はその方法を図示している．まず，チェックの対象とする観測値（図の A 点）を欠測値と見なす（実際は欠測値ではないが）．そして，補

1. 逆解析の役割と適用性

間法による推定値と観測値の残差を求める．このようにして求めた残差の値がしきい値以上となる観測値は異常値と判定して除外する．

1.4.4 既知情報は極力利用

システムの入力であるパラメータには，出力（応答）に対して，感度の鋭敏なものと，感度

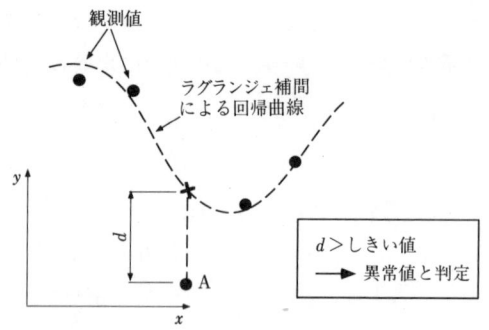

図 1.4.5 ラグランジェ補間による異常値判定法

の鈍いものがある．たとえば，前述の図 1.3.2 に示した有限要素解析において，地盤の単位体積重量は入力データの 1 つではあるが，単位体積重量の値を変化させても，出力（沈下量）の値はほとんど変らない．すなわち，単位体積重量は感度の鈍いパラメータである．それに対して，地盤のヤング率はわずかに変化させても，出力値（沈下量）には大きな影響を及ぼす．すなわち，地盤のヤング率は感度が鋭敏なパラメータであるといえる．

逆解析において，感度の鈍いパラメータを逆解析の対象にしても，精度の高い推定値は得られないし，仮に，得られたとしても，問題解決に役立たないことが多い．したがって，このような感度の鈍いパラメータの値は，既知情報を利用して，適度な値を設定し，逆解析の対象を感度の鋭敏なパラメータに限定した方が賢明である．

その方法として，実際にいくつかのパラメータを変化させた順解析を行い，その結果を図 1.4.6 に示すように図にプロットし，各パラメータの感度を調べるのが有効である．図 1.4.6 において縦軸は観測値に対応する順解析の出力値である．図に示した例では，パラメータ A と B は感度が鋭敏なので逆解析の未知パラメータとして採用し，パラメータ C と D は感度が鈍いので不採用ということになる．

また，逆解析の実施に当って，観測データ以外にも，あらかじめわかっていることがあれば，最大限，それらを利用すべきである．そして，最後にやむを得ず残った未知数について，逆解析を行うのが，成功への鍵である．

たとえば，有限要素法による逆解析において「各要素の応力は降伏条件をこえ

ない」という情報は有力な既知情報である．この既知情報を利用するには，この部分は逆解析によらず，構成則（応力-ひずみ関係）として，評価すべきである．そして，残った未知変位などについて逆解析を実施するのが妥当である．

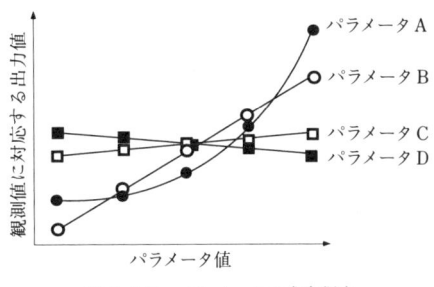

図 1.4.6　パラメータの感度調査

　これに対して，好ましくない逆解析の方法は，観測値に関する本来の目的関数に，「要素の応力超過分」の 2 乗和を加えて，その最小化を行うことである．これでは本来，最適化の主対象である「観測データと推定値の誤差をミニマムにする」という目的がなおざりにされて，余計なところにエネルギーが浪費されてしまう．目的関数の中は最小限必要な項目に止めるべきである．

　パラメータの取り得る値の範囲やパラメータ間に所定の関係が存在する場合には，制約条件として処理することができる．これにより，解空間の範囲を狭めることができる．

　制約条件付きの最適化（目的関数の最小化）は「逐次 2 次計画法」（2.3.5 で後述）を用いれば，容易に行うことができる．この「逐次 2 次計画法」による最適化のためのプログラムは新たにつくる必要はなく，市販の数値解析ソフト（たとえば，MATLAB 等）に関数として備わっているものを利用することができる．

1.4.5　解析法の変更

　逆解析法にはいろいろな種類がある（2.1 で後述）．最適化手法についても同様である（2.2 で後述）．したがって，1 つの手法でうまくいかない場合，他の逆解析法や最適化手法に代えることにより，良好な結果が得られることがある．

　とくに，解曲面（図 1.4.1 参照）が複雑な場合，「最急降下法」のようなシンプルな最適化手法を用いていると，解析の途中で局所解に陥ってしまうことがある．そのような場合，局所解からの脱出のために，最適化手法を「準ニュートン法」や「Levenberg-Marqurdt 法」など他の手法に代えるのは有効である．逆解析法についても同様である．

1. 逆解析の役割と適用性

しかし，どの最適化手法，逆解析法が最適であるかはケースバイケースである．どの手法にも後述するような一長一短がある．どの方法が最適であるかは，解析対象の問題の特性に依存する．したがって，一般的な手法で妥当な解が得られない場合には，他の解析法に変更して解析し，性能・精度を比較してみるのが1つの手である．

1.4.6 学習データの適切な選択

一般的に，逆解析は「パラメータの同定」と「同定値による予測・推定」という，2つのプロセスから成り立つものである．その前半部分で用いられる学習用の観測データと後半部の予測の対象は同一の特性・確率分布に従うものでなければならない．

これがとくに問題となるのは，ニューラルネットワークとニューロ・ファジィの場合である．これらの手法の場合には，力学的な理論式（運動方程式等）に基づいていないため，学習用のデータについて精度の高いシミュレーションが可能であるとしても，予測用のデータについて，同定結果がそのまま適用できる保証はない．つまり，力学的な理論式に基づいて，学習用のデータと予測用のデータの特性を定量的に把握しづらい．

したがって，ニューラルネットワークやニューロ・ファジィの場合には，予測の対象といかに近い特性をもつ学習用データを選択できるか，が予測の精度向上に大きくかかわっている．9.4の建築物の空調の自動制御の例や，9.6のコンクリートの中性化の例，および9.7のトンネルの変位予測の例では，それぞれ独自の学習用データ選択法が提案されている．そこで提案されている手法は空調やトンネルの問題に適用が限定されるものではない．したがって，ニューラルネットワークやニューロ・ファジィによる逆解析においては，これらの方法等を参考に，学習用データの選定を重視した解析を行うのが望ましい．

文献

1) 脇田英治：観測データによる圧密沈下の早期予測と設計へのフィードバック法，土木学会論文集，No.457, pp.117-126, 1992.
2) A.Asaoka, M.Matsuo：An Inverse Problem Approach to the Prediction of Multi-Dimensional Consolidation Behavior, Soils and Foundations, Vol.24, No.1, pp.49-62, 1984.

2. 逆解析の種類と概要

　一口に逆解析といってもいろいろな種類がある．ここでは，①逆解析法の種類，②解析モデル式の種類，③最適化手法の種類の観点から，逆解析を分類し，それらの特徴や適用性について概観する．

2.1 各種解析法の概要と特徴

　逆解析法には図2.1.1に示すような種類のものがある．
　これら解析法の特徴と適用性は次のとおりである．

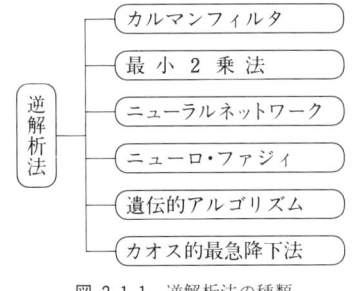

図 2.1.1　逆解析法の種類

[最小2乗法]
＜概要＞　　観測値と推定値の差の2乗和が最小となるように解析モデル式のパラメータを同定する方法である．
＜長所＞　　アルゴリズムがもっともシンプルである．そのため，その工事特有の制約条件の付く場合の逆解析も比較的容易である．また，解析モデル式が別のものに変る（たとえば，曲線式から有限要素法へ）場合にも，モデル式に相当する部分のみを取り替えれば，逆解析の部分のプログラムはほとんど共通に使える．
＜短所＞　　パラメータの初期値の設定が妥当な解の獲得に大きく影響する．また，観測値に偏りがあったり，推定誤差が一定の確率分布に従っていない場合や解析区間の途中でシステムに変化が生じている場合，解析結果からは何の兆候も感知できないので，見過ごす危険性がある．

2. 逆解析の種類と概要

［カルマンフィルタ］
＜概要＞　最小2乗法と同様，観測データが与えられたとき，それを用いて，解析モデル式のパラメータを同定する方法である．最小2乗法との大きな相違は最小2乗法がオフライン方式（全観測データをまとめて同時に扱い，解を求める方式）の同定法であるのに対して，カルマンフィルタはオンライン方式（観測データを1つずつ増やしながらステップごとに解を求め，しだいに解の精度を向上させていく方式）の同定法であること，観測データに含まれるノイズを確率的に取り扱っている点などである．なお，オンライン・オフライン方式の詳細については5.3で後述する．
＜長所＞　観測値に偏りがあったり，推定誤差が確率分布に従っていない場合や解析区間の途中でシステムに変化が生じている場合，解析結果に兆候が現れるので，それに基づいて，処置を取りやすい．
＜短所＞　観測データに含まれるノイズを確率的に厳密に取り扱っている．そのために，パラメータの初期値の他にも，観測誤差分散と誤差共分散マトリックスの初期値を与えなければ，解析を行うことができない．これらの値の与え方が解析の結果に影響する．また，オンライン方式を採用しているため，入力データとして一定時間間隔で観測された数値が並んだ形式が要求される．そのため，観測が定期的に行われていない場合には，解析に先立って，一定間隔のデータを作成するための何らかの処理が必要である．

［ニューラルネットワーク］
＜概要＞　ニューロンと呼ばれる出力関数を並列，直列に結合し，階層構造とした解析モデルを用いる．そして，そのモデルについて，まず最初に，入力と出力が既知な教師データを用いて，学習を行う．その結果，パラメータを最適な値に設定したモデル構造が確定する．つぎに，未知の入力データを与えて，学習により確定したモデルを用いて，推定を行う．
＜長所＞　現象を理論式で表すことが困難な場合や自動制御など瞬時に解を出さなければ間に合わない場合の逆解析に適している．
＜短所＞　力学的な理論式（運動方程式等）に基づいていないため，学習用のデータについて精度の高いシミュレーションが可能であるとしても，新たなデー

タについて予測がうまくいく保証はない．また，観測データに誤ったデータが含まれている場合，解やルールがうまく誘導できない．その程度が他の逆解析法よりも顕著である．

［ニューロ・ファジィ］
＜概要＞　「ニューラルネットワーク」と「ファジィ推論」を組み合せた手法である．階層構造の解析モデルを用いて，バックプロパゲーション等の学習法により，学習・予測を行う点はニューラルネットワークと同じである．ニューラルネットワークとの大きな相違は解析モデルの構成要素にある．すなわち，ニューラルネットワークの場合にはその構成要素として，ニューロンが用いられるが，ニューロ・ファジィの場合には，それに代り，メンバーシップ関数が用いられる．これにより入力データの曖昧さを取り扱うことが可能となっている．
＜長所＞　現象を理論式で表すことが困難な場合や瞬時に解を出さなければ間に合わない問題に適している．「ファジィ推論」が付け加わっていることにより，入力データが非定量的な場合にも対応できる．
＜短所＞　力学的な理論式（運動方程式等）に基づいていないため，①新たなデータについて予測がうまくいく保証がない，②観測データに含まれている異常値に弱い等，ニューラルネットワークと同様の欠点がある．

［遺伝的アルゴリズム］
＜概要＞　地球環境は長い歴史の間に大きく変動してきたが，その間に生物は進化を繰り返し，その変動に巧みに適応してきた．生物の進化は適応性を高めて，目標地点に到達するメカニズムの一種とみることができる．遺伝的アルゴリズム（generic alugolysm）はこのような生物の進化のメカニズムを模擬し，工学的な問題解決に応用したものである．すなわち，進化における淘汰・交差・突然変異に相当する状態をコンピュータ解析的に創りだし，進化（収束計算）を繰り返し，適応条件（収束条件）が満足される解を探索する方法である．この解析法は近年，研究開発が進められているものであり，実問題への適用事例は現段階ではそれほど多くない．
＜長所＞　他の逆解析法の場合，最適解に到達できるか，否かは初期値の設定

の仕方に大きく依存している．それに対して，遺伝的アルゴリズムの場合には初期集団はいろいろな初期値をもつグループの集合であるので，明確な初期値というものがない．したがって，このような初期値の問題を一応回避できる．
＜短所＞　　多くの個体で構成される集団についての計算を同時並行的に実行するため，非常に多くの計算時間を必要とする．

[カオス的最急降下法]
＜概要＞　　ニューラルネットワークにおいて，最適化のために用いられる方程式に非線形項を加える．この非線形項がカオス振動をひき起す．したがって，この方程式に従って解を探索すれば，カオスに伴うバースト（burst：爆発）によって，最適解に到達しやすいことが示されている[1]．式(2.1.1)はその例である．これは6.2で後述するニューラルネットワークのニューロンkの入力と出力の関係を表す式であるが，式中の項Gはカオスを生む非線形項である．

$$x_k = f_k\left(\sum_j w_{jk}x_j - \theta_k + G\right) \qquad (2.1.1)$$

＜長所＞　　局所解を乗りこえて，最適解に到達できる可能性が他の逆解析法よりも高い．
＜短所＞　　カオスを生み出すパラメータの設定値が不適当な場合，極端なバーストを起し，うまく学習できない．学習を効率的に行うためのパラメータや重み係数の設定法が確立されていない．また，バーストを繰り返し，解に近づいたり離れたりしながら徐々に進むため，最適解に至るまでに非常に多くの計算回数を必要とする．

2.2　解析モデル式の種類と特徴

表2.2.1は解析モデル式の種類に着目して，逆解析を分類したものである．解析モデル式は，図2.2.1に示すように，入力データを与えて，応答値を得る部分である．表2.2.1に示すように，逆解析における解析モデル式には，複雑なもの，単純なもの，そしてブラックボックス的（力学的な理論式によらない）なものがある．

2.2 解析モデル式の種類と特徴

表 2.2.1　逆解析に用いられる解析モデル式の種類

解析モデルの種類	特徴
複雑なモデル	式や計算が複雑（たとえば有限要素法）
シンプルなモデル	式や計算が単純（たとえば $[y=ax+b]$）
ニューラルネットモデル	式で表すことが困難で，ブラックボックス的

図2.2.1からわかるように，逆解析においても，順解析同様，解析モデル式の部分では入力から出力の方向へ計算が進められる（ただし，2.4で後述の逆定式化法ではやや異なる）．つまり，極論すれば，入力を与えて出力を得るものであるならば，解析モデル式は何

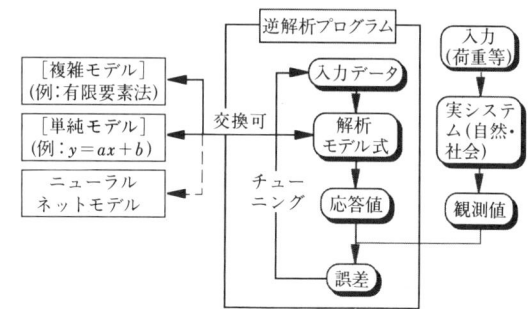

図 2.2.1　解析モデル式の互換性

でも使えると考えてもよい．この部分が有限要素法のような複雑なものであっても，$[y=ax+b]$ というような単純な式であっても，はたまた，ニューラルネットワークの場合のように，ブラックボックスに近いものであってもよいわけである．

このことは単一の数値解析プログラムにおいて，解析モデル式の部分だけを $[y=ax+b]$ 形式のものから有限要素法形式のものに交換するだけでも，逆解析は可能であることを意味する．最小2乗法による逆解析の場合には，実際，これは容易である．後述の5.6で，解析モデル式を交換するには，プログラム上でどのようにすればよいのかについて記述している．

最小2乗法以外の手法として，カルマンフィルタの場合には，解析モデル式の構造が同定アルゴリズムに関係するので，最小2乗法の場合ほど単純ではない．しかし，「解析モデル式の部分だけを $[y=ax+b]$ 形式のものから有限要素法形式のものに交換するだけで，逆解析は可能である」という基本思想は同じである．

ニューラルネットワークやニューロ・ファジィの場合には，数多くのニューロンやメンバーシップ関数が直列・並列に複雑に結合してシステムを構成しているので，解析モデルを式で表すことは困難である．この場合には，解析モデル式は

2. 逆解析の種類と概要

ブラックボックスに近く，ただ所定の入力に対して，条件を満足する解を出力する機能だけのものである．

この点が最小2乗法やカルマンフィルタとは相違するので，最小2乗法やカルマンフィルタで使われている解析モデルを，ニューラルネットワークやニューロ・ファジィの逆解析に適用するというようなことはできない．

2.3 最適化手法の概要と特徴

2.3.1 概要

逆解析とはシステムの応答値とその観測値の差が最小となるようシステムの入力に相当する値を推定する方法であることを1.1で述べた．最小2乗法による逆解析では，式 (2.3.1) のような目的関数が設定される．そして，その目的関数を最小化する手法として，最適化手法が用いられる．

$$目的関数 = \sum (観測値 - 応答値)^2 \qquad (2.3.1)$$

2.1で前述した他の逆解析法においても，同様な目的で最適化手法が用いられており，両者の関係は表 2.3.1 のとおりである．

逆解析に用いられる最適化手法を分類すると，図2.3.1のようになる．図2.3.1に示すように逆解析に用いられる最適化手法には，制約条件が付く場合と付かない場合がある．さらに，制約条件が付く場合についても，制約条件が等式の場合と不等式の場合がある．

制約条件とは，逆解析の実施にあたり，式 (2.3.1) に示す目的関数以外に付く条件のことである．たとえば，「逆解析で求める解はすべて正である」というのは制約条件の1つの例である．制約条件としては，求める解の間の関係を規定するものや，解の取り得る値の範囲を設定するものなどがある．

「制約条件のない逆解析」において用いられる典型的な最適化手法には「最急降下法」，「準ニュートン法」，

表 2.3.1 逆解析法に用いられる最適化手法

逆解析法	用いられている最適化手法
最小2乗法	準ニュートン法　最急降下法
ニューラルネットワーク	最急降下法 etc.
カオス的最急降下法	最急降下法
遺伝的アルゴリズム	遺伝的アルゴリズム
カルマンフィルタ	―

2.3 最適化手法の概要と特徴

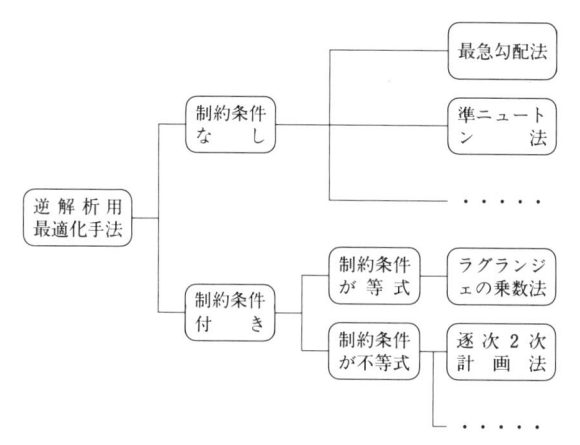

図 2.3.1 逆解析に用いられる最適化手法の種類

```
                         ┌─ 最急勾配法
             ┌ 制約条件 ─┼─ 準ニュートン法
             │  な し   └─ ‥‥‥
逆解析用
最適化手法 ─┤
             │           ┌ 制約条件 ─ ラグランジェの乗数法
             └ 制約条件 ─┤  が等式
                付き     │
                         └ 制約条件 ─ 逐次2次計画法
                            が不等式  ‥‥‥
```

「Levenberg-Marqurdt 法」[2] などがある．それに対して，［制約条件付きの逆解析］には，「ラグランジェの乗数法」，「逐次2次計画法」などがある．市販の数値解析ソフトでは，これらのプログラムをサブルーチンとして備えているものが多い．

次に，これら最適化手法の概要を述べる．

2.3.2 最急降下法

最急降下法（method of steepest descent）は図 2.3.2 に示すように，目的関数の偏微分の勾配がもっとも急な方向に向かって，解の探索を続け，最終的に目的地点（最小解）に到達しようとする方法である．

この方法の欠点は，目的関数の偏微分の勾配として，1次導関数（接線勾配）しか利用しないため，つぎに述べる準ニュートン法と比べて，収束速度が遅いことである．

2.3.3 準ニュートン法

ニュートン法，準ニュートン法（quasi-Newton method）は目的関数の偏微分の勾配として，2次導関数まで利用して，目的関数最小化の方向を探

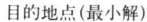

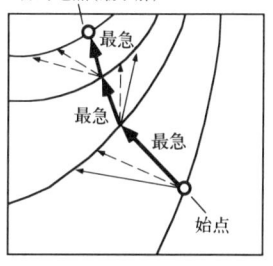

図 2.3.2 最急降下法

2. 逆解析の種類と概要

索していく方法である．そのための手段として，Taylor 展開を用いている．

連続関数 $y=f(x)$ は，Taylor 展開を用いると，次式で近似することができる．

$$y_2 \cong f(x_1) + f'(x_1) \Delta x + \frac{1}{2} f''(x_1) \Delta x^2 \tag{2.3.2}$$

図 2.3.3 は式 (2.3.2) の意味を図で表している．図の A 点の情報を用いて，そこから Δx 離れた B 点の y 座標を推定する．まず，A 点において接線を引き，接線勾配 $f'(x_1)$ を求め，その値に Δx を掛けたものが式 (2.3.2) の第 2 項である．しかし，これだけでは精度が悪いので，2 次導関数まで求め，それを用いた補正値（第 3 項）を加えたものが式 (2.3.2) である．

このように，Taylor 展開を利用することによる精度向上により，1 ステップの計算で，最急勾配法の場合よりもより広い範囲の探索が可能である．

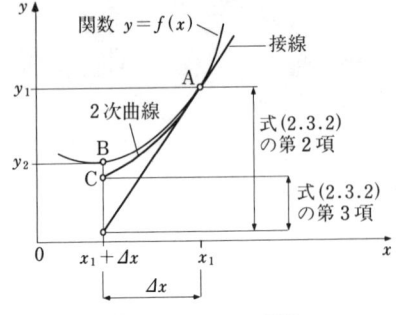

図 2.3.3 Taylor 展開

ニュートン法も準ニュートン法も式 (2.3.2) を利用して，最小点へ至る降下方向を決めている．ただし，その際に逆マトリックスの計算が生じ，それに多くの計算時間を必要とする．そこで，近似計算により逆マトリックス計算を省略し，計算時間の短縮を図ったのが準ニュートン法である．

2.3.4　ラグランジェの乗数法

ラグランジェの乗数法 (Lagrangian multiplier method) は，等式で与えられる制約条件付きの目的関数の最小化に適用できる手法である．n 個の制約条件 $g_j(x)=0 (j=1, 2, \cdots, n)$ のもとで，目的関数 $y=f(x)$ を最小化するために用いられる．n 個の制約条件と目的関数を足し合せた関数 (式 (2.3.3)) を最小化するのがその基本概念である．ただし，制約条件と目的関数では，x を変化させるとき，関数値の変化率が異なる．そのため，それをバランスさせるため，ラグランジェの乗数 $\lambda_j (j=1, 2, \cdots, n)$ なるものを式の中に入れて，汎目的関数（ラグランジェ関数）としたのが，式 (2.3.3) である．

$$L = f(x) + \sum_{j=1}^{m} \lambda_j \cdot g_j(x) \qquad (2.3.3)$$

ラグランジェ関数が最小となる地点では，図 2.3.4 に示すように，曲面に引いた接線の勾配がゼロとなるはずである．そこで，式 (2.3.3) の偏微分（関数 L の説明変数は x, λ_j などの複数であるため，微分ではなく，偏微分）を求めて，ゼロとおくと，式 (2.3.4)，式 (2.3.5) となる．

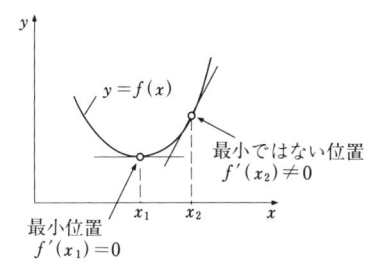

図 2.3.4 目的関数の最小

$$\frac{\partial L}{\partial x} = \frac{\partial f(x)}{\partial x} + \sum_{j=1}^{m} \lambda_j \cdot \frac{\partial g_j(x)}{\partial x} = 0 \qquad (2.3.4)$$

$$\frac{dL}{d\lambda_j} = -g_j(x) = 0 \qquad (2.3.5)$$

ラグランジェの乗数法では，式 (2.3.4)，式 (2.3.5) を解くことにより，係数 λ_j が求められる．係数 λ_j が求まれば，その値を用いて，最小点の座標（＝パラメータ値）が求まる．

2.3.5 逐次 2 次計画法[3),4)]

逐次 2 次計画法（SQP 法：sequential quadratic programming）は等式の制約条件のみならず，不等号の制約条件付きの目的関数の最小化にも，適用可能な手法である．n 個の制約条件 $g_j(x) \leq 0 (j=1, 2, \cdots, n)$ のもとで，目的関数 $y = f(x)$ を最小化させるために用いられる．汎目的関数等は前述のラグランジェの乗数法とまったく同じであり，式 (2.3.3)〜式 (2.3.5) である．

ラグランジェの乗数法との大きな相違点は次のとおりである．すなわち，ラグランジェの乗数法の場合には，ラグランジェ乗数 λ_j を直接求めている．それに対して，逐次 2 次計画法の場合には，準ニュートン法を援用することにより，最小点を探索して，ラグランジェ乗数を求める．

現在，逐次 2 次計画法は，制約条件付きの最適化問題に対する解法の中で，もっとも効率がよい手法であると，広く認められている．この方法によれば，実際

の複雑な問題や解きにくい問題に対しても，うまく解を導き出せることが多い．ちなみに MATLAB の場合，「constr」などの逐次2次計画法による最適化の関数（サブルーチン）をもっている．

逆解析において，次のような場合，逐次2次計画法はとくに有効である．すなわち，逆解析における最適化において，単に目的関数の最小化のみを求めると，物理的に矛盾する解が得られることがしばしばある．図2.3.5はその例を示している．図において，AとB，2つの解のうち，最小解はA点である．しかし，解Aに物理的に矛盾があるとすれば，解Bが最適解である．このような場合，逐次2次計画法を用いれば，最適解として解Aではなく，解Bを求めることができる．

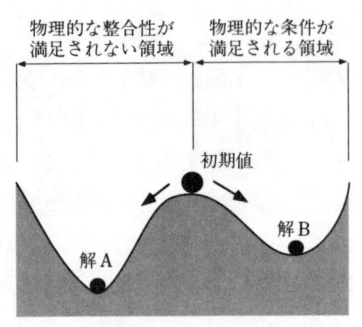

図2.3.5 物理的整合性を満足する最適解の探索

ここで，物理的矛盾とは，ヤング率が負になるとか，極端に大きな値になるとか，パラメータ間の大小関係が現実と矛盾するとか，さまざまである．

2.4 直接定式化法と逆定式化法

逆解析で用いられる目的関数が次式で与えられることは前述した．この目的関数が最小となるときのパラメータの値が求める解である．

$$\text{目的関数} = \sum (\text{観測値} - \text{応答値})^2 \quad (2.4.1)$$

式(2.4.1)における応答値を得るだけなら，特別な逆解析用のプログラミングをしなくても可能である．実務で一般的に用いられている数値解析ソフト（たとえば，有限要素解析）で，適当に入力定数を与えて，試計算を行えばよい．繰り返し計算の結果，式(2.4.1)の値が最小値をとれば，それが求める解である．これが直接定式化法である．

ただし，実際の計算は，入力定数を適当に与えていると効率が悪いので，2.3で前述した最適化手法を併用して，より効率的に目的関数の最小化が行われる．

このような直接定式化法は計算回数が多いという欠点はあるものの，一般的な

2.4 直接定式化法と逆定式化法

数値解析ソフトを利用できるため，多種多様な解析モデル式による逆解析が容易にできるという利点がある．

それに対して，逆定式化法は，次のような解析法である．すなわち，弾塑性法による山留めの解析や有限要素解析の場合，全体系の運動方程式は次式で与えられる．

$$P = K\delta \qquad (2.4.2)$$

ここに，P は外力ベクトル，K は剛性マトリックス，δ は変位ベクトルである．この式には逆解析により同定したいパラメータ θ と，そのために用いられる観測値 Y（変位など）に対応する変数が含まれている．そこで，式 (2.4.2) をうまく変形して次の式 (2.4.3) の形をつくることができれば，観測値を式の右辺に代入して，左辺の値として解を求めることができる．

$$\theta = FY \qquad (2.4.3)$$

ここに，F は変換マトリックスである．

式 (2.4.3) によりダイレクトに解を求める場合もあるが，それでは観測誤差などを確率的に正当に評価できないので，式 (2.4.3) をカルマンフィルタのアルゴリズムの中に組み入れて，解析が行われる場合もある．これらはいずれも逆定式化法である．

しかし，一般的に逆定式化法は式の誘導・アルゴリズムの定式化が容易ではなく，取り扱い問題も限定されるという欠点がある．したがって，適用範囲が広く，解析の準備が容易であるという点において，逆定式化法よりも直接定式化法の方がより実用性，汎用性に富んでいると考えられる．

文献

1) 谷淳：カオス的最急降下法を適用したニューラルネットにおける学習および記憶想起の動特性について，電子情報通信学会論文誌 A，Vol.J 74-A，No.8，pp.1208-1215，1991．
2) J.J.More：The Levenberg-Marquardt Algorithm [Implementation and Theory], Numerical Analysis, ed. G.A.Watson, Lecture Notes in Mathematics 630, Springer-Verlag, pp.105-116, 1977.
3) R.Fletcher：Practical Methods of Optimization, Vol.1, Unconstrationed Optimization, and Vol.2, Constrained Optimization, John Wiley and Sons, 1980.
4) K.Schittowski：NLQPL：A FORTRAN-Subroutine Solving Constrained Nonlinear Programming Problems, Annals of Operations Research, Vol.5, pp.485-500, 1985.

3. 逆解析の前提となる基本概念

3.1 定常と非定常

　時系列データが「定常」であるとは，時系列データが図3.1.1(a)に示すように，ほとんど一定値で推移することを意味しているわけではない．たとえば，図3.1.1(b)に示すような時系列データも場合によっては定常である．

　「定常」とはデータ上のどの時点を取っても，推定誤差（＝観測値－推定値）の確率分布が一定であるということである．「確率分布が一定」とは，平均・分散・自己相関関数が一定ということである．ここで，自己相関関数とは，データ上の1時点の観測値とそこから少し離れた時点の観測値との相関を表す指標である．

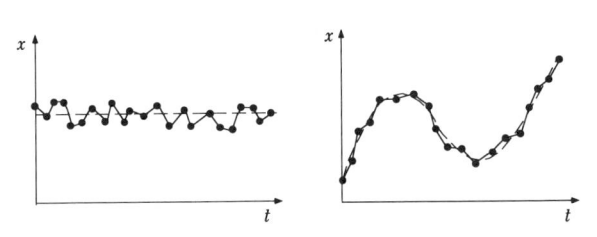

(a) モデル式に依存しない定常　　(b) モデル式に依存する定常

図 3.1.1　定常な時系列データ

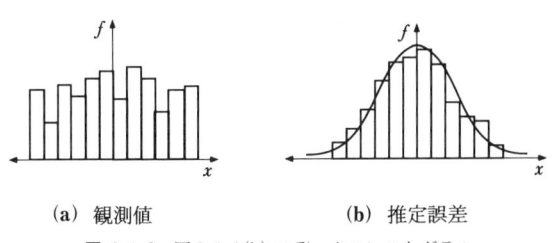

(a) 観測値　　(b) 推定誤差

図 3.1.2　図3.1.1(b) のデータのヒストグラム

3. 逆解析の前提となる基本概念

　図3.1.1(b)に示す時系列データについては，図3.1.2に示すような2通りの整理が可能である．そのうち図3.1.2(a)は時系列データをそのままヒストグラム（頻度分布図）に整理したものである．この場合の分布はランダムであり，非定常と判定される．

　ところが，同じデータを3次曲線で近似し，その曲線と時系列データとの差について分布を調べると，図3.1.2(b)のようになる．この場合には，分布は確率分布（正規分布）となり，平均・分散・自己相関がともに一定であり，定常と判定できる．

　以上のように，一見，非定常なデータもそれに合うモデル式を見つけられれば，定常化できる．逆解析は定常なデータについてのみ可能である．したがって，逆解析を成功させるためには，解析の対象とするデータを定常化できる解析モデル式を見つけることが第1の仕事である．

3.2 マルコフ過程

　図3.2.1(a) に示すように，時間的に変化する変数 x を一定時間間隔 Δ で区切る．それを図3.2.1(b)に示すように，横軸にある時刻の x の値 x_j を取り，縦軸にそれに続く次の時刻の x の値 x_{j+1} を取って，プロットする．つぎに，同様に，x 軸に x_{j+1} を取り，y 軸に x_{j+2} を取って，次の点をプロットする．図3.2.1(b) の実線はこのような操作を繰り返したときにプロット点が描く軌跡を表している．

　図3.2.1(b) の軌跡が直線である場合，x_j と x_{j+1} の関係は次式で表すことができる．

$$x_{j+1} = ax_j + b \tag{3.2.1}$$

3.2 マルコフ過程

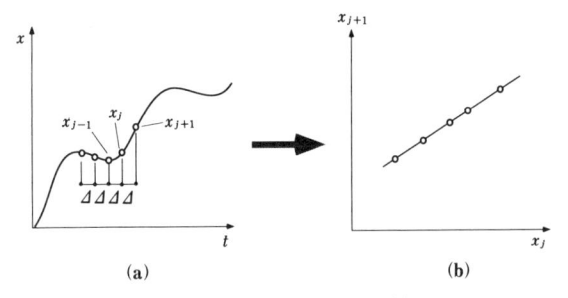

図 3.2.1 マルコフ過程の例

ここに，a, b は定数である．

式 (3.2.1) には次のような特徴がある．つまり，$j+1$ ステップの値はそれより 1 ステップ前の j ステップの値で表されている．それと同時に，$j+1$ ステップの値には j ステップより前の値 ($x_{j-1}, x_{j-2}, \cdots$) は一切影響を及ぼしていない．このようにある時刻の状態がそれより 1 ステップ前の状態のみで規定される関係にあるとき，データ列 $\{x(t)\}$ はマルコフ過程であるという．

ただし，マルコフ過程は式 (3.2.1) の関係のみではない．たとえば，次式もマルコフ過程に従っている．

$$x_{j+1} = ax_j + bx_{j-1} + c \tag{3.2.2}$$

式 (3.2.2) においては，ある時刻の値 x_{j+1} が 1 ステップ前の値 x_j のみならず，それ以前の値 x_{j-1} にも依存しており，一見すると，マルコフ過程でないかのように見える．ところが，式 (3.2.2) は式 (3.2.3) のように変形することができる．

$$\begin{Bmatrix} x_{j+1} \\ x_j \end{Bmatrix} = \begin{bmatrix} a & b \\ 1 & 0 \end{bmatrix} \begin{Bmatrix} x_j \\ x_{j-1} \end{Bmatrix} + \begin{bmatrix} c \\ 0 \end{bmatrix} \tag{3.2.3}$$

ここで，新たな変数ベクトルとして，$\boldsymbol{X}_j = [x_j \ x_{j-1}]^T$ を定義すると，式 (3.2.3) はこれを用いて，次のように表すことができる．

$$\boldsymbol{X}_{j+1} = \boldsymbol{A}_d \boldsymbol{X}_j + \boldsymbol{B}_d \tag{3.2.4}$$

ここに，$\boldsymbol{A}_d, \boldsymbol{B}_d$ は係数マトリックスである．つまり，式 (3.2.4) によると，ある時刻の状態量 $\boldsymbol{X}_{j+1}$ はそれより 1 ステップ前の状態量 $\boldsymbol{X}_j$ のみで規定されている．これは前述したマルコフ過程に他ならない．

さらに，式 (3.2.4) にシステムへの外からの入力 $\boldsymbol{u}_j$ を加えた次式もマルコフ

3. 逆解析の前提となる基本概念

過程である．

$$X_{j+1} = A_d X_j + B_d u_j \qquad (3.2.5)$$

自然界においては多くの現象が式 (3.2.5) の形式のマルコフ過程で表現できることが明らかになっている．これから述べるカルマンフィルタも解析対象がマルコフ過程に従うことを前提としている．

3.3 連続系と離散系

自然界の現象において，観察される量（たとえば，温度，風速など）は，ほとんどが連続的に変化する量である．しかし，その観測を一定時間間隔 Δ で行うと，離散時間状態量が得られる．

前述したマルコフ過程に従う次の微分方程式は離散時間状態量 X_j, u_j で表現された離散系の式である．

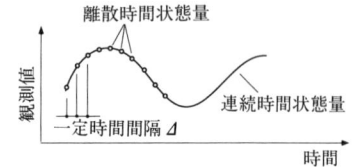

図 3.3.1 離散時間状態量と連続時間状態量

$$X_{j+1} = A_d X_j + B_d u_j \qquad (3.3.1 \quad 3.2.5 再掲)$$

それに対して，これと等価な次のような連続系の微分方程式が存在する．そして，両式は相互に変換可能である．

$$\dot{x} = A_c x + B_c u \qquad (3.3.2)$$

ここに，A_c, B_c は係数マトリックスである．

離散系と連続系，両者の微分方程式の係数マトリックス間には次の関係がある．

$$A_d = e^{A_c \Delta} \qquad (3.3.3)$$

$$B_d = \left(\int_0^\Delta e^{A_c \tau} d\tau \right) B_c \qquad (3.3.4)$$

また，離散系の A_d, B_d よりなるマトリックス F_d と連続系の A_c, B_c よりなるマトリックス F_c はそれぞれシュア (Schur) 分解により，次のように変形できる．

$$F_d = \begin{bmatrix} [A_d] & [B_d] \\ 0 & 1 \end{bmatrix} = Q Z_d Q^T \qquad (3.3.5)$$

$$F_c = \begin{bmatrix} [A_c] & [B_c] \\ 0 & 1 \end{bmatrix} = Q Z_c Q^T \qquad (3.3.6)$$

ここに，Z_d は A_d の固有値 λ を対角上にもつ上三角マトリックス (Schur Matrix) である．一方，Z_c は A_c の固有値 $\lambda_c\varDelta$ を対角上にもつ上三角マトリックスである．また，Q はユニタリ・マトリックス (Unitary Matrix) である．ここで，λ と $\lambda_c\varDelta$ の間には次の関係がある．

$$\lambda = \exp(\lambda_c\varDelta) \qquad (3.3.7)$$

式 (3.3.3)〜式 (3.3.4)，あるいは式 (3.3.5)〜式 (3.3.7) の関係を利用すれば，連続系から離散系へ，あるいは，離散系から連続系へ係数マトリックスを変換することができる．市販されている数値解析ソフトウェアには，この変換を関数として装備しているもの（たとえば，MATLAB 等）があるので，それらを利用すれば容易に変換を行うことができる．

3.4 ARMA モデル

自然界・社会における多くの現象が式 (3.4.1) で表せることが明らかにされている．

$$\dot{x} = A_c x + B_c u \qquad (3.4.1 \quad 3.3.2 \text{再掲})$$

その一例は次のような振動方程式である．この振動方程式は有限要素法や多質点モデルによる構造物の地震時の挙動解析に用いられる．

$$M\ddot{x} + C\dot{x} + Kx = p \qquad (3.4.2)$$

ここに，M は質量マトリックス，C は減衰マトリックス，K は剛性マトリックスである．また，$\ddot{x}$ は加速度ベクトル，$\dot{x}$ は速度ベクトル，x は変位ベクトル，p は外力ベクトルである．式 (3.4.2) は変形すると，次のようになる．

$$\frac{d}{dt}\begin{Bmatrix} x \\ \dot{x} \end{Bmatrix} = \begin{bmatrix} [0] & I \\ -M^{-1}K & -M^{-1}C \end{bmatrix}\begin{Bmatrix} x \\ \dot{x} \end{Bmatrix} + \begin{bmatrix} [0] & [0] \\ [0] & M^{-1} \end{bmatrix}\begin{Bmatrix} [0] \\ p \end{Bmatrix} \qquad (3.4.3)$$

ここに，I は対角項が 1，他の要素がすべて 0 のマトリックス（単位マトリックス）である．また，[0] はすべての要素が 0 のマトリックスである．

式 (3.4.3) で，

$$A_c = \begin{bmatrix} [0] & I \\ -M^{-1}K & -M^{-1}C \end{bmatrix}, \quad B_c = \begin{bmatrix} [0] & [0] \\ [0] & M^{-1} \end{bmatrix}, \quad x_n = \begin{Bmatrix} x \\ \dot{x} \end{Bmatrix}, \quad u = \begin{Bmatrix} [0] \\ p \end{Bmatrix}$$

と置けば，式 (3.4.1) になる．このように，式 (3.4.1) とは一見異なって見え

3. 逆解析の前提となる基本概念

る2階微分を含む式 (3.4.2) も，実は式 (3.4.1) と等価である．しかも，前述したように，連続型の式 (3.4.1) は離散型の式 (3.4.4) と相互に変換可能である．

$$X_{j+1} = A_d X_j + B_d u_j \qquad (3.4.4 \quad 3.3.1 再掲)$$

式 (3.4.4) は，初期値 X_1 と u_1 を与えると，次ステップの X_2 を計算することができる．つぎに，その得られた X_2 と u_2 を，ふたたび，式 (3.4.4) に代入すれば，さらに，次ステップの X_3 を計算することができる．このようにして，次々と応答値を容易に求めることができる．したがって，式 (3.4.2) の振動方程式を離散型の式 (3.4.4) に変換することによって，きわめて容易に時刻歴応答計算を行うことができる．

微分方程式で与えられる運動方程式の時刻歴応答は Wilson θ 法や Nigam 法などの直接積分法によっても計算できる．非線形な運動方程式の時刻歴応答を求めるには，直接積分法による方が解を得やすい．しかし，運動方程式が線形な場合や非線形でも線形近似解を求める場合には，上述の離散型の状態方程式を用いた応答計算が簡略であり，適している．

さらに，離散型状態方程式 (3.4.4) は次の式 (3.4.5) と等価である．

$$Y_j = \sum_{i=1}^{k} (a_i Y_{j-i} + b_i u_{j-i}) \qquad (3.4.5)$$

式 (3.4.5) は ARMA モデル（自己回帰移動平均モデル：Auto-Regressive Moving Average model）である．ここに，Y_j はタイムステップ j における状態量の値であり，Y_{j-i} はそれより過去のタイムステップにおける状態量の値である．また，u_{j-i} はシステムへの入力である．そして，a_i，b_i は係数（自己相関係数）である．また，k は過去の何ステップまでが現ステップの値に影響するかを決める定数である．

有限要素法や多質点モデルの振動方程式を式 (3.4.2)〜式 (3.4.5) に示した変換法に従って変換すると，$k=2$ の ARMA モデルになる．つまり，離散系の1ステップ過去は振動方程式の速度に相当し，離散系の2ステップ過去は振動方程式の加速度に相当することを意味している．したがって，$k=3$ 以上の ARMA モデルとは［変位→速度→加速度→？］の実際には存在しない「？」の部分を取り扱うことを意味しており，現実的ではない．

3.4 ARMAモデル

このようなことから，一般的には実務的な問題においては，$k=2$ 程度までの値をとれば十分である．第8章で後述するモデル評価法を用いれば，最適な次数 k を設定することが可能である．

ここで，新たな状態量を表すベクトル $\boldsymbol{X}_j$ を次のように定義する．

$$\boldsymbol{X}_j = [X_{1,j}\ X_{2,j}\ \cdots\cdots\ X_{k,j}]^T$$

$$\begin{aligned}
X_{1,j} &= \sum_{i=1}^{k}(a_i Y_{j-i} + b_i u_{j-i}) \\
X_{2,j} &= \sum_{i=2}^{k}(a_i Y_{j-i+1} + b_i u_{j-i+1}) \\
&\cdots\cdots\cdots\cdots\cdots\cdots\cdots\cdots\cdots\cdots\cdots\cdots \\
X_{m,j} &= \sum_{i=m}^{k}(a_i Y_{j-i+m-1} + b_i u_{j-i+m-1})
\end{aligned} \tag{3.4.6}$$

ただし，$m \leq k$ である．また，次のような係数マトリックスを定義する．

$$\boldsymbol{A}_d = \begin{bmatrix} a_1 & 1 & 0 & \cdots & 0 \\ a_2 & 0 & 1 & \cdots & \vdots \\ \vdots & \vdots & 0 & \ddots & 0 \\ \vdots & \vdots & & \ddots & 1 \\ a_k & 0 & \cdots & \cdots & 0 \end{bmatrix},\ \boldsymbol{B}_d = \begin{bmatrix} b_1 \\ b_2 \\ \vdots \\ b_k \end{bmatrix},\ \boldsymbol{C}_d = \begin{bmatrix} 1 \\ 0 \\ \vdots \\ 0 \end{bmatrix}^T \tag{3.4.7}$$

そして，これらを用いて，式 (3.4.5) を再記すると，次のようになる．

$$\boldsymbol{X}_j = \boldsymbol{A}_d \boldsymbol{X}_{j-i} + \boldsymbol{B}_d \boldsymbol{u}_{j-1} \tag{3.4.8}$$

$$Y_j = \boldsymbol{C}_d \boldsymbol{X}_j \tag{3.4.9}$$

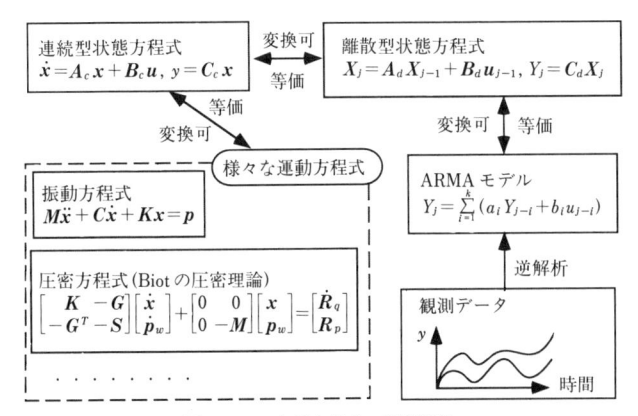

図 3.4.1 各種方程式の相関関係

これは前述した式 (3.4.4) に他ならない.
　上述した各種の方程式の相関関係をまとめると, 図 3.4.1 のようになる.
　逆解析においては, ただ一行の微分方程式が, 複雑な解析よりも有効な場合が多いことを 1.4.2 で述べた. ARMA モデルはそれに該当する解析モデルの一つである. 社会・自然界におけるさまざまな現象の挙動が ARMA モデルで近似でき, 逆解析に適していることが示されている (4.3~4.4 で後述).

3.5　固有値とその利用

　式 (3.5.1) は前述した ARMA モデルの離散型の状態方程式 (式 (3.4.8)) の次数 $k=2$ の場合) である.

$$\begin{Bmatrix} X_1 \\ X_2 \end{Bmatrix}_{j+1} = \begin{bmatrix} a_1 & 1 \\ a_2 & 0 \end{bmatrix} \begin{Bmatrix} X_1 \\ X_2 \end{Bmatrix}_j + \boldsymbol{B}_d \boldsymbol{u}_j \quad (3.5.1)$$

　上式の右辺の第 1 項に関して, 次のような関係を満足する λ は固有値 (eigenvalue) である.

$$\begin{bmatrix} a_1 & 1 \\ a_2 & 0 \end{bmatrix} \begin{Bmatrix} X_1 \\ X_2 \end{Bmatrix}_j = \lambda \begin{Bmatrix} X_1 \\ X_2 \end{Bmatrix}_j \quad (3.5.2)$$

　式 (3.5.2) を展開すると, その第 1 式は次のとおりである.

$$\underbrace{a_1 X_1}_{R\cos\theta} + \underbrace{X_2}_{R\sin\theta} = \underbrace{\lambda X_1}_{R} \quad (3.5.3)$$

　これを図上で考えると, 図 3.5.1 のようになる.
　つまり, 固有値を求めるということは, 図 3.5.1 における θ がゼロとなるよう

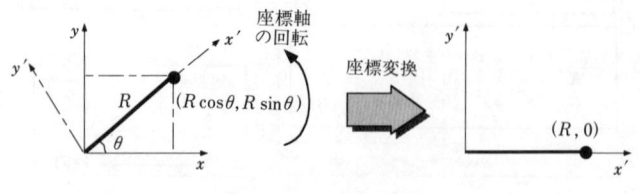

図 3.5.1　固有値の意味

に，座標変換を行っていることである．

式 (3.5.2) は入力 u_j がゼロのときの関係式である．この点を考慮して，入力 u_j がゼロの場合について，固有値を用いて，次数 $k=n$ の場合について，式(3.5.1) を表すと次のようになる．

$$X_{j+1} = \lambda X_j$$
$$X_{j+2} = \lambda X_{j+1} = \lambda^2 X_j$$
$$\cdots\cdots\cdots$$
$$X_{j+n} = \lambda^n X_j \quad (3.5.4)$$

つまり，式 (3.5.4) は過去の値が現在値に対して λ 倍の大きさで影響することを意味している．したがって，もしも，λ が 1 よりも大きいとすると，過去の値ほど大きな影響で現在へ影響することになる．しかし，現実はその逆である．100 年前の影響は 3 箇月前の影響より小さいのである．つまり，λ は 1 よりも小さくなければ，現実と矛盾する．

一方，式 (3.5.2) から，次の関係式が出てくる．

$$\begin{vmatrix} a_1-\lambda & 1 \\ a_2 & -\lambda \end{vmatrix} = 0 \quad (3.5.5)$$

これを展開すれば，次式となる．

$$\lambda^2 - a_1\lambda - a_2 = 0 \quad (3.5.6)$$

式 (3.5.6) は次数 $k=2$ の場合の式であるが，一般的に，次数 $k=n$ の場合には，同様にして次式が得られる．

$$\lambda^n - a_1\lambda^{n-1} - \cdots - a_n = 0 \quad (3.5.7)$$

式 (3.5.7) は特性方程式と呼ばれる式であり，式 (3.5.7) の根が固有値である．式 (3.5.7) の両辺に X_j を掛け，さらに式 (3.5.4) の関係を考慮すると，次式となる．

$$X_{j+n} - a_1 X_{j+n-1} - \cdots - a_n X_j = 0 \quad (3.5.8)$$

入力 u_j が存在する一般の場合には，式 (3.5.8) は次のようになる．

$$X_{j+n} - a_1 X_{j+n-1} - \cdots - a_n X_j = f(u_j) \quad (3.5.9)$$

式 (3.5.9) は元の式 (3.5.1) を座標変換して，1 次結合の形にしたものであることがわかる．

3. 逆解析の前提となる基本概念

以上では離散型の状態方程式について固有値を求めたが，連続型の状態方程式についても，同様にして固有値 λ_c を求めることができる．両者の間には，3.3 で前述したように，次の関係がある．

$$\lambda = \exp(\lambda_c \varDelta) \qquad (3.5.10)$$

ここに，$\varDelta$ はタイムピッチ（連続型から離散型をつくるときのサンプリングピッチ）である．

式 (3.5.10) が実数の世界で成立しなければ，[連続型 $\Longleftrightarrow$ 離散型] の変換ができない．かつ，前述したように，固有値 λ は 1 以下である．したがって，式 (3.5.10) が成立するためには，指数関数の中が負でなければならない．つまり，特性方程式 (3.5.7) が次数の数分（たとえば，$k=2$ のときは 2 つ）の負の実根をもつことが，[連続型 $\Longleftrightarrow$ 離散型] の変換が可能であるための必要十分条件である．

連続型の状態方程式（式 (3.5.11)）の固有値 λ_c は，離散型の式 (3.5.2) に相当する式 (3.5.12) の関係を満足する．

$$\dot{\boldsymbol{x}} = \boldsymbol{A}_c \boldsymbol{x} + \boldsymbol{B}_c \boldsymbol{u} \qquad (3.5.11 \quad 3.4.1 \text{再掲})$$

$$\boldsymbol{A}_c \boldsymbol{x} = \lambda_c \boldsymbol{x} \qquad (3.5.12)$$

固有値 λ_c は離散型の場合と同様，振動方程式を座標変換により，対角項にのみ値をもつ形式に変換するものである．

式 (3.5.11) の一例である振動方程式 (3.4.2) の場合，マトリックス $\boldsymbol{A}_c$ は次式で与えられることは前述した．

$$\boldsymbol{A}_c = \begin{bmatrix} [0] & \boldsymbol{I} \\ -\boldsymbol{M}^{-1}\boldsymbol{K} & -\boldsymbol{M}^{-1}\boldsymbol{C} \end{bmatrix} \qquad (3.5.13 \quad 3.4.3 \text{再掲})$$

式 (3.5.12) に式 (3.5.13) を代入して，固有値 λ_c を求める．その際，減衰係数はゼロとおく．地震時の構造物の振動を考える場合，通常の減衰係数の値の範囲内では，固有値に及ぼす減衰係数の影響が小さいからである．これにより次式が得られる．

$$\begin{vmatrix} -\lambda_c \boldsymbol{I} & \boldsymbol{I} \\ -\boldsymbol{M}^{-1}\boldsymbol{K} & -\lambda_c \boldsymbol{I} \end{vmatrix} = 0 \qquad (3.5.14)$$

式 (3.5.14) を整理すれば，次式となる．

$$|\boldsymbol{K} - \lambda_c^2 \boldsymbol{M}| = 0 \qquad (3.5.15)$$

この式は地震時における構造物の振動の固有円振動数を求める式として，なじ

みの式である（後述の式 (5.7.11) 参照）．固有値 λ_c は固有円振動数 ω_0 (rad/s) に相当する．それと固有周期 T_0 (s) との間には次の関係がある．

$$T_0 = 2\pi/\omega_0 \tag{3.5.16}$$

式 (3.5.15) を満足する λ_c は複数あるので，小さい方から 1 次固有円振動数，2 次…，と呼称される．

3.6 ガウス過程

図 3.6.1 は自然界の現象について，経時変化を観測する場合，観測値に誤差が含まれるメカニズムを模式的に示している．観測値に含まれるばらつきは，2つに大別することができる．その1つは「現象そのものがもつばらつき」である．これに関する1つの例は風の強弱である．自然界で吹く風は一定ではなく，ばらつきをもっている．

観測値に含まれるもう1つのばらつきは「測定法に原因するばらつき」である．たとえば，温度を計るのに安物の温度計と高精度の温度計では測定精度に差が生じることを考えれば，このばらつきは理解できる．

このような2つのばらつきにより，現象を観測すると，たとえ図 3.6.1 の例のように，真の値が時間的に一定である場合にも，観測値は時間的にばらつくことになる．

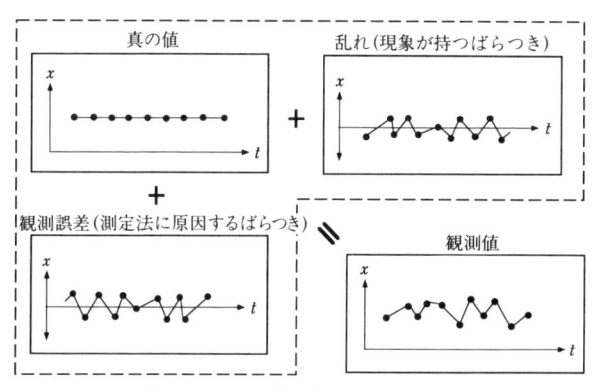

図 3.6.1 観測値に含まれるばらつき

3. 逆解析の前提となる基本概念

以上のように，観測データには2種類の誤差が含まれることを示したが，観測データを用いて，現象を解析するためには，誤差（ばらつき）の性質を規定する必要がある．

その1つの規定法が「誤差は正規分布に従う」とする考え方である．幸い，自然界における多くのばらつきが正規分布（ガウス分布）に従うことが明らかにされている．このように観測値に含まれる誤差が正規分布に従うものであるとき，そのデータ列 $\{x(t)\}$ はガウス過程であるという．

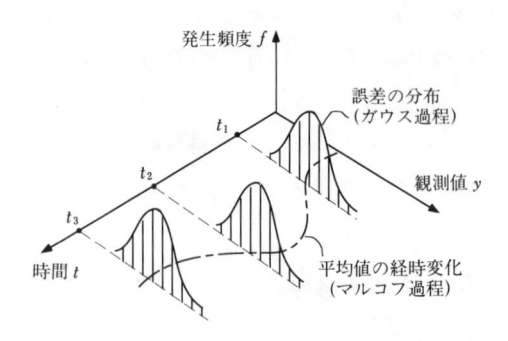

図 3.6.2　ガウス・マルコフ過程

これから述べるカルマンフィルタは対象とするデータがガウス過程に従うことを前提としている．前述したように，カルマンフィルタは扱うデータがガウス過程の他に，マルコフ過程にも従うことを前提としている．したがって，両者を総合して，カルマンフィルタはガウス・マルコフ過程を前提にしていると表現される．

図 3.6.2 はガウス・マルコフ過程に従うデータが正規分布の誤差をもつ様子を模式的に表している．図 3.6.2 に示すように，ガウス・マルコフ過程では，どの時刻における誤差も単一の正規分布から生じることを仮定している．したがって，測定器を観測の途中で高精度のものに交換するなどにより，誤差の分布が時間的に変化すれば，もはやガウス・マルコフ過程でなくなることを意味する．

3.7　ベイズの定理

ベイズ (Bayes) の定理は次のような4つの確率の間の関係を表す式である．確率的な事象が y と x の2つあるとする．事象 y が発生したとき，つぎに事象 x が発生する確率を $f(x|y)$ と表す．その逆に，事象 x が発生したとき，つぎに事象 y が発生する確率を $f(y|x)$ と表す．そして，単に，事象 y が発生する確率を $f(y)$，

3.7 ベイズの定理

事象 x が発生する確率を $f(x)$ とする．このとき，これらの確率の間には次の関係が成立する．

$$f(x|y) = \frac{f(y|x)f(x)}{f(y)} \tag{3.7.1}$$

式 (3.7.1) がベイズの定理である．カルマンフィルタではベイズの定理が次のように応用されている．すなわち，事象 y を観測値，事象 x を推定値とする．このように設定すると，式 (3.7.1) は観測値が得られている場合における推定値の確率分布を表している．

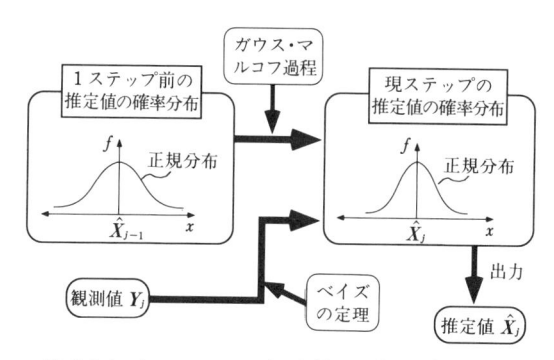

図 3.7.1 カルマンフィルタにおけるベイズの定理の役割

カルマンフィルタでは，図 3.7.1 に示すように，推定に利用する既知情報は 2 つある．その 1 つは 1 ステップ前の推定値の確率分布である．これについてはガウス・マルコフ過程を通して，現ステップの推定値との関係付けがなされている．もう 1 つの既知情報は現ステップにおける観測値（$f(y)$ に相当）であり，これについてはベイズの定理を通して，現ステップの推定値（$f(x|y)$ に相当）との関係づけがなされる．そして，以上 2 つの既知情報を利用したアルゴリズムにより，現ステップの推定値が得られる．

4. カルマンフィルタによる逆解析

4.1 基礎方程式

カルマンフィルタはシステムの基礎方程式が次に示す式 (4.1.1)，式 (4.1.2) で与えられるとき，観測データを用いて，式 (4.1.1)，式 (4.1.2) の状態変数 X_j を推定する方法である．

$$\text{システム方程式} \quad X_j = F_j X_{j-1} + G_j w_j \quad (4.1.1)$$

$$\text{観 測 方 程 式} \quad Y_j = M_j X_j + v_j \quad (4.1.2)$$

ここに，X_j, X_{j-1} はそれぞれタイムステップ j, $j-1$ における状態変数である．式 (4.1.1) における $X_j = F_j X_{j-1}$ の部分は，3.2 で前述したマルコフ過程に基づいている．また，Y_j はタイムステップ j における観測値ベクトルである．そして，F_j, G_j, M_j は変換マトリックスである．

式 (4.1.1) における w_j は「現象そのものがもつばらつき」，式 (4.1.2) における v_j は「測定法に原因するばらつき」である．これら，w_j, v_j の項はこれらの式が 3.6 で前述したガウス過程に従うものであることを表している．

カルマンフィルタにより解析を行う場合，式 (4.1.1) における状態変数 X_j と観測値 Y_j を設定する必要がある．逆解析を目的としていなければ，変位や応力を状態変数 X_j として設定することは可能である．しかし，逆解析においてはこれはあまり適切ではない．なぜならば，逆解析においては，入力は解析モデル式のパラメータであり，出力は変位や応力などの応答値である．そして，観測値に相当する出力をチェックすることにより，入力である解析モデル式のパラメータの同定が行われる．

カルマンフィルタにおける状態変数 X_j とは同定の対象であり，逆解析の場合，それはパラメータである．したがって，カルマンフィルタを逆解析に適用する場合，状態変数 X_j を解析モデル式のパラメータに設定し，観測値 Y_j を変位や応力

4. カルマンフィルタによる逆解析

などの応答値に設定するのがより自然である．

このような条件を満足するシステム構造を考えると，図4.1.1のようになる．つまり，システムが二重構造となっており，コアの小システムはパラメータの変動を表すモデル式，それを内包する大システムが運動方程式を表すモデル式である．

運動方程式 $Y_j = M_j(u_j) X_j + v_j$
(式 (4.1.2))

外力 u_j
外からの作用 $G_j w_j$
ノイズ的変動
大システム
小システム

パラメータ $X_j = F_j X_{j-1} + G_j w_j$
式 (4.1.1)

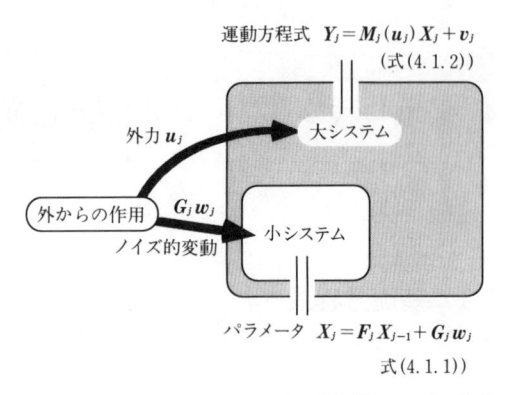

図 4.1.1 カルマンフィルタによる逆解析のシステム構造

このようなシステム構造を考えると，カルマンフィルタによる逆解析用の基礎方程式は次の式 (4.1.3)，式 (4.1.4) となる．

$$X_j = X_{j-1} \tag{4.1.3}$$

$$Y_j = M_j X_j + v_j \tag{4.1.4}$$

式 (4.1.1) における w_j を式 (4.1.3) では無視している．それは次の理由による．すなわち，式 (4.1.1) における w_j は状態変数 X_j のノイズ的な変動を表すものである．式 (4.1.3) における状態変数はパラメータであり，その変動はパラメータ自体のノイズ的な変動を意味する．

解析の対象とする現象自体にパラメータを変動させるような要因が特別にあれば，この変動を考慮する必要がある．しかし，一般的に実務的な問題に逆解析を適用する場合，パラメータを変動させるような要因とその変動の確率分布を特定することは困難である．そこで，式 (4.1.3) では，式 (4.1.1) における F_j を 1 に w_j をゼロに設定している．式 (4.1.3) はパラメータのみに関する式であり，解析モデル式は式 (4.1.4) の中に凝縮されている．

式 (4.1.1)～式 (4.1.4) の基礎方程式で表されるシステム構造の概念は 1 つの設定に過ぎない．社会・自然界における現象の中にはこのような概念で近似できるものもあれば，できないものもある．しかし，幸い多くのものが以上のような概念で近似できることが明らかにされており，そのような場合に限り，カルマンフィルタが適用可能である．

4.2 アルゴリズムの誘導

カルマンフィルタは多変数の場合にも適用できる解析法であるが，説明を理解しやすくするために，まず初めに，状態変数（パラメータ）が1つしかない場合について考える．事象 x の観測値を y とし，両者の間には次の関係があるとする．

$$y = Mx + v \tag{4.2.1}$$

ここに，M は係数であり，v は平均ゼロ，分散が R の正規分布をする観測誤差である．

前述した事象 x が発生する確率 $f(x)$ の確率分布は図 4.2.1 に示すような正規分布であるとすれば，その分布式（確率密度関数）は次式で与えられる．

$$f(x) = \frac{1}{2\pi P} \exp\left[-\frac{g_x}{2}\right] \tag{4.2.2}$$

式 (4.2.2) における g_x は次のとおりである．

$$g_x = \frac{(x - \bar{x})^2}{P} \tag{4.2.3}$$

ここに，P は分散（測定を行う前の分散），$\bar{x}$ は平均である．

一方，前述したように，ベイズの定理は次式である．

$$f(x|y) = \frac{f(y|x) f(x)}{f(y)} \tag{4.2.4　3.7.1 再掲}$$

式 (4.2.2) における $f(x)$ の場合，指数関数 (exp) の中が式 (4.2.3) で与えられる．それに対して，$f(x|y)$ の場合には，式 (4.2.4) でわかるように，3つの確

図 4.2.1　$f(x)$ の確率分布

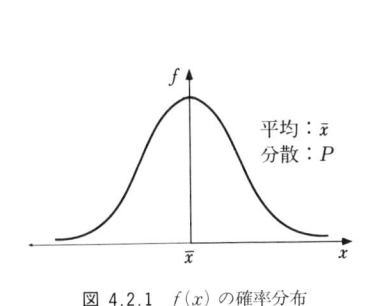

図 4.2.2　関数の最小と接線勾配との関係

4. カルマンフィルタによる逆解析

率の乗除である．したがって，$f(x|y)$ の場合の式 (4.2.3) に相当する式の場合，指数関数 (exp) の中は3つの確率の加減で表されることは容易に理解できる．つまり，$f(x|y)$ の場合の式 (4.2.3) 相当式は次式で与えられる．

$$g_{x/y} = \frac{(x-\bar{x})^2}{P} + \frac{(y-Mx)^2}{R} - \frac{(y-M\bar{x})^2}{M^2P+R} \tag{4.2.5}$$

$f(x)$ の最確値は，図 4.2.1 からもわかるように，$x=\bar{x}$ のときであり，そのとき $f(x)$ は最大値をとる．このことは言い換えれば，式 (4.2.3) で与えられる g_x が最小となるとき，$f(x)$ が最大となり，それが $f(x)$ の最確値であるということである．

それに対して，カルマンフィルタの目的は $f(x|y)$ の最確値（測定値 y が与えられたときの状態変数 x の同定値）を求めることである．そのためには，前述した $f(x)$ の例にならえば，式 (4.2.5) で与えられる $g_{x/y}$ が最小となるよう x を同定すればよい．そこで，次の式 (4.2.6) を目的関数 $J(x)$ として，それを最小にする x を求める．

$$J(x) = \frac{(x-\bar{x})^2}{P} + \frac{(y-Mx)^2}{R} - \frac{(y-M\bar{x})^2}{M^2P+R} \tag{4.2.6}$$

図 4.2.2 に示すように，関数 $J(x)$ が最小となるのは，その接線勾配 $dJ(x)/dx$ がゼロとなるときである．一方，式 (4.2.6) を微分して，$dJ(x)/dx$ は次のように求まる．

$$\frac{dJ(x)}{dx} = \frac{x-\bar{x}}{P} + \frac{M(y-Mx)}{R} \tag{4.2.7}$$

そこで，式 (4.2.7) で $dJ(x)/dx=0$ とおき，それを x について解くと，次式となる．

$$x = \bar{x} + \frac{MP}{R}(y - M\bar{x}) \tag{4.2.8}$$

ここで，次のような変数 V を定義する．

$$V = \left(P^{-1} + \frac{M^2}{R}\right)^{-1} \tag{4.2.9}$$

P が測定を行う前の分散であったのに対して，V は測定を行った後の分散に相当する．この変数 V を用いて，式 (4.2.8) を再記すれば，次式となる．

$$x = \bar{x} + VMR^{-1}(y - M\bar{x}) \tag{4.2.10}$$

以上では変数が1つの場合について考えてきたが，多変数の場合には式(4.2.10)はマトリックス表現となり，次式となる．

$$X = \bar{X} + VM^T R^{-1}(Y - M\bar{X}) \tag{4.2.11}$$

1変数の場合のPは分散であるが，多変数の場合のPは共分散である．また，式(4.2.9)も多変数の場合には，マトリックス表現となり，次のようになる．

$$V = (P^{-1} + M^T R^{-1} M)^{-1} \tag{4.2.12}$$

式(4.2.11)，式(4.2.12)を離散系の表現を用いて，書き直す．

$$X_j = X_{j-1} + V_j M_j^T R_j^{-1}(Y_j - M_j X_{j-1}) \tag{4.2.13}$$

$$V_j = (P_j^{-1} + M_j^T R_j^{-1} M_j)^{-1} \tag{4.2.14}$$

ここに，P_jは観測を行う前の同定値の確率分布$f(X_j)$の共分散である．それに対して，V_jは観測を行った後の同定値の確率分布$f(X_j|Y_j)$の共分散である．

式(4.2.13)において，$V_j M_j^T R_j^{-1}$はカルマンゲインと呼ばれるものである．また，$(Y_j - M_j X_{j-1})$は観測値と推定値の差に他ならない．したがって，式(4.2.13)は次のような構成となっていることがわかる．

(次ステップの同定値) = (前ステップの同定値)
  + (カルマンゲイン) × (観測値とその推定値の差) (4.2.15)

なお，逆解析のプロセスにおいては，現ステップの誤差共分散V_jではなく，1ステップ前の誤差共分散P_jを用いて，カルマンゲインL_jを計算する必要がある．そこで，逆解析用のL_jについて，さらに式を変形・整理と次のようになる．

$$\begin{aligned}
L_j &= V_j M_j^T R_j^{-1} \\
&= (P_j^{-1} + M_j^T R_j^{-1} M_j)^{-1} M_j^T R_j^{-1} \\
&= \{P_j - P_j M_j^T (M_j^T P_j M_j^T + R_j)^{-1} M_j P_j\} M_j^T R_j^{-1} \\
&= P_j M_j^T \{(M_j P_j M_j^T + R_j)^{-1}(M_j P_j M_j^T + R_j) \\
&\quad - (M_j P_j M_j^T + R_j)^{-1} M_j P_j M_j^T\} R_j^{-1} \\
&= P_j M_j^T (M_j P_j M_j^T + R_j)^{-1}
\end{aligned} \tag{4.2.16}$$

以上の関係式から，逆解析の手順は次のようになる．

[逆解析手順]
① 前ステップの推定値を用いて［観測値とその推定値の差］を求める．
② 式(4.2.16)を用いて，カルマンゲインを計算する．

③ 式（4.2.13）（式（4.2.15））により次ステップの同定値を求める.

以上の処理を初期値から始めて，次々と繰り返し，現ステップまで進めれば，現ステップの同定値を求めることができる．さらに，以上の同定により得られたパラメータと推定式を用いて，予測を行うことができる．

4.3 ARMAモデルによる定式化

システムの挙動をマルコフ過程の典型であるARMAモデルで近似できる場合を対象として，カルマンフィルタによる同定アルゴリズムを具体的に示す．

ARMAモデルの場合のカルマンフィルタの基礎方程式は次のとおりである．

$$X_j = X_{j-1} \qquad (4.3.3 \quad 4.1.3 再掲)$$
$$Y_j = M_j X_j + v_j \qquad (4.3.4 \quad 4.1.4 再掲)$$

ここに，M_j は変換マトリックス，v_j は観測ノイズである．

3.4で前述したように，ARMAモデルは次式で定義される．

$$Y_j = \sum_{i=1}^{k}(a_i Y_{j-i} + b_i u_{j-i}) \qquad (4.3.5 \quad 3.4.5 再掲)$$

そこで，式（4.3.5）のパラメータを状態変数ベクトル $\hat{X}_j = [a_1 \cdots a_k \; b_1 \cdots b_k]^T$ として，変換マトリックス M_j を次のように設定する．

$$M_j = [\hat{Y}_{j-1} \cdots \hat{Y}_{j-k} \; u_{j-1} \cdots u_{j-k}]^T \qquad (4.3.6)$$

これらを用いて，式（4.3.5）は次のように表すことができる．

$$\hat{Y}_j = M_j \hat{X}_j \qquad (4.3.7)$$

また，カルマンゲインは式（4.2.16）より次のとおりである．

$$L_j = P_j M_j^T [M_j P_j M_j^T + R]^{-1} \qquad (4.3.8)$$

観測値とその推定値との差 e_j は次式で表すことができる．

$$e_j = Y_j - \hat{Y}_j = Y_j - M_j \hat{X}_{j-1} \qquad (4.3.9)$$

これら L_j，e_j を用いて，パラメータ同定値は次式で与えられる．

$$\hat{X}_j = \hat{X}_{j-1} + L_j e_j \qquad (4.3.10)$$

次ステップ用の誤差共分散マトリックスは次式により求まる．

$$P_{j+1} = (I - L_j M_j) P_j (I - L_j M_j)^T + L_j R L_j^T \qquad (4.3.11)$$

4.3 ARMA モデルによる定式化

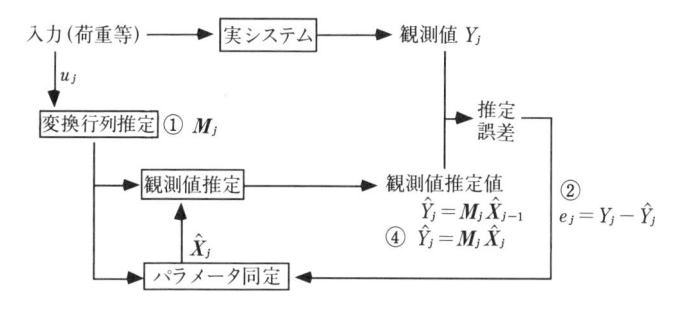

```
入力(荷重等) ──→ 実システム ──→ 観測値 $Y_j$
      │ $u_j$                          │
      ↓                                ↓
   変換行列推定 ① $M_j$            推定誤差
      │                                ↑
      ↓                                │
   観測値推定 ──→ 観測値推定値      ② $e_j = Y_j - \hat{Y}_j$
      ↑            $\hat{Y}_j = M_j \hat{X}_{j-1}$
      │ $\hat{X}_j$  ④ $\hat{Y}_j = M_j \hat{X}_j$
      │                                
   パラメータ同定 ←─────────────────┘
```

③ パラメータ同定値 $\hat{X}_j = \hat{X}_{j-1} + L_j e_j$
⑤ 誤差共分散行列 $P_{j+1} = (I - L_j M_j) P_j (I - L_j M_j)^T + L_j R L_j^T$

図 4.3.1　カルマンフィルタの計算手順

これらの式を用いて，次のような手順で同定を実施する．なお，図 4.3.1 にはこの計算手順をブロック図で示している．

[計算手順]（①～⑤は，図 4.3.1 中の①～⑤に対応）
① 変換マトリックス M_j を計算する．M_j は，現ステップ j よりも過去の観測値の推定値 $\hat{Y}$ と入力値 u を用いて式 (4.3.6) により計算できる．
② 観測値とその推定値との差 e_j を式 (4.3.9) により計算する．
③ パラメータ同定値を式 (4.3.10) により計算する．
④ 観測値の推定値を式 (4.3.7) により計算し直す．
⑤ 次ステップ用の誤差共分散マトリックスを式 (4.3.11) により計算しておく．

以上の計算を $j = k+1$ から始めて，データを 1 つずつ増やし，$j = k+2, 3, \cdots, n$ と進めることにより，パラメータの同定値を次々と得ることができる．つぎに，得られたパラメータ同定値と式 (4.3.7) を用いて，任意の入力値を与えた場合の予測を行うことができる．

なお，逆解析の開始時点で，観測誤差分散 R，および誤差共分散行列の初期値 P_0 について，初期値を与える必要がある．このうち，誤差共分散行列 P_j に関しては，計算の開始当初は不適切な初期値 P_0 の影響で，よい同定値が得られない．し

かし，上述の計算手順に従って，同定を続けていくと，初期値 P_0 の影響は徐々に小さくなり，最終的には定常的な性質を表す P_j の値に到達することができる．

ただし，観測データ数が少ないと，P_j が定常的な性質をもつまでに至らないため，同定値の精度はよくない．また，設定した初期値 P_0 の値が真の値と大きく相違する場合には，同定値がなかなか精度の高い値に至らないという問題がある．

観測誤差分散 R については，観測値の測定に用いる機器の精度等を試験することにより，設定することができる．測定機器の試験の結果，得られる誤差分布の分散を R とする等の方法がとられる．

4.4 解析例とプログラム

カルマンフィルタによる解析例とその数値解析プログラムを示す．システムの挙動をマルコフ過程の典型である ARMA モデルで近似できる場合を対象とする．ここでは，建物荷重による地盤沈下の逆解析の例を示す．しかし，掲載したプログラムは地盤沈下の解析専用のものではなく，他の問題の解析にも適用できる．

ARMA モデルを用いた逆解析の事例としては**表 4.4.1** に示すようなものがある．掲載したプログラムはこれらの事例の解析にも，若干の修正により利用できる．その場合には，**図 4.4.1** に示す入力データの「システムへの入力」と「状態変数の観測値」を本解析例のものから，解析の対象のものに置き換えて，入力データを作成する必要がある．

軟弱地盤上に載荷を行うと，地盤は沈下を生じる．建物の重量を ARMA モデル

表 4.4.1 ARMA モデルによる逆解析の適用例

ARMA モデル適用例	状態変数の観測値	システムへの入力
構造物の損傷箇所の特定[1]	構造物の応答	常時微動
建物の不同沈下の予測[2]	地盤の沈下量	建物荷重
機械の騒音対策[3]	機械全体の合成音	個々の音源の発生音
ヒーターの温度制御[4]	ヒーターの温度	電源の電力値
地震による建物の揺れの制御[5]	構造物の応答	地震加速度
盛土による地盤沈下の予測[6]	地盤の沈下量	盛土荷重
地下水位変動推定[7]	地下水位	降水量

4.4 解析例とプログラム

観測時刻値	建物荷重値	沈下量観測値
1.0000000e+00	0.0000000e+00	3.8756687e+00
4.0000000e+00	2.0081000e+00	4.6244574e+00
7.0000000e+00	2.3007000e+00	6.8862942e+00
1.0000000e+01	2.4481000e+00	1.2182915e+01
1.3000000e+01	2.4799000e+00	4.9973885e+00
1.6000000e+01	2.4796000e+00	1.3447040e+01
1.9000000e+01	2.4708000e+00	1.5418048e+01
2.2000000e+01	2.4477000e+00	1.2405884e+01
2.5000000e+01	2.4147000e+00	1.6230291e+01
2.8000000e+01	2.4243000e+00	1.6589149e+01
3.1000000e+01	2.4326000e+00	2.0896877e+01
3.4000000e+01	2.4380000e+00	2.3587555e+01
3.7000000e+01	2.4293000e+00	・・・・・
4.0000000e+01	・・・・・	・・・・・

(以後, 省略)

図 4.4.1 入力データ

の入力 u, 沈下量の観測値を Y として，両者の関係を次数 $k=2$ の ARMA モデルで表すと次のとおりである．

$$Y_j = a_1 Y_{j-1} + a_2 Y_{j-2} + b_1 u_{j-1} + b_2 u_{j-2} \tag{4.4.1}$$

図 4.4.1 は解析に使用するデータである．データは一定時間間隔で計測された観測時刻値・建物荷重値・沈下量観測値の 3 列で構成されている．ただし，本プログラムでは観測時刻値は解析に使用していない値であり，単にメモとして使用している．

カルマンフィルタの宿命であるが，観測値は一定間隔でなければならない．観測時刻値が一定間隔になっているのはそのためである．また，図 4.4.3, 図 4.4.4 に示す解析結果では，時刻がタイムステップ表示になっているが，タイムステップに時間間隔を乗ずれば，時刻表示となる．

図 4.4.1 のデータをテキストの書式で作成し，data.txt という名前でセーブする．そして，図 4.4.2 のプログラム (MATLAB) を実行すると，ファイル data.txt から入力データを読込み，逆解析計算が行われ，解析結果が図として出力される．

4. カルマンフィルタによる逆解析

```
%**************************
% Kalman Filter for ARMA Model
%**************************
clear;

%======DATA INPUT======        ←データの読み込み
load data.txt;
u  = data(:,2);                ←入力（建物荷重）
yr = data(:,3);                ←観測値（沈下量）
n = max(size(u));              ←データ個数の計算

%=====Error Covariance=====
R = 0.1;                                      ←観測誤差の分散の設定
P =[0.1^2     0      0      0;         ⎫
      0     0.1^2    0      0;         ⎬ 観測前の誤差共分散
      0       0    0.1^2    0;         ⎭ マトリックスの初期値の設定
      0       0      0    0.1^2 ];

%======DIMENTION SET======
ye = zeros(n,1); ye(1) = yr(1); ye(2) = yr(2);  ←推定値の初期値の設定
yen = ye; x = zeros(4,n);                       ←{パラメータの初期値を
                                                  この例ではゼロに設定
%======K.FILTER ALGORITHM======
for j=3:n;                                      ⎫ ←j = 3 〜n までの繰り返し
  M = [ye(j-1) ye(j-2) u(j-1) u(j-2)];          ⎪
  L=P*M'*inv(M*P*M'+R);                         ⎪
  x(:,j) = x(:,j-1) + L*(yr(j) - M*x(:,j-1));   ⎬ カルマンフィルタアルゴリズム
  ye(j) = M*x(:,j);                             ⎪ 式(4.3.6)〜式(4.3.11)
  P = (eye(4) - L*M)*P*(eye(4) - L*M)'+L*R*L';  ⎪
end;                                            ⎭
for j = 2:n-1;
  yen(j+1)=[yen(j) yen(j-1) u(j) u(j-1)]*x(:,n);
end;
Parameter_Value = x(:,n);
save para.dat Parameter_Value -ascii;           ←逆解析により得られた
                                                  パラメータ値の保存
%=========RESULT PLOT=========
TimeStep = [1:n]';                              ⎫
clf, subplot(211),plot(TimeStep,u) ,title('Load'), ⎪
ylabel('Load u'),xlabel('Time Step  j');        ⎪
subplot(212),plot(TimeStep,yr,'o'),             ⎬ 解析結果の図化
title('Observed Settlement'),                   ⎪
ylabel('Settlement'),xlabel('Time Step  j');    ⎪
pause                                           ⎪
clf, plot(TimeStep,yr,'o',TimeStep,ye,TimeStep,yen), ⎪
title('Estimated & Observed Settlement'),       ⎪
ylabel('Settlement'),xlabel('Time step j');     ⎭
```

図 4.4.2 カルマンフィルタによる同定のプログラム・リスト
(同一内容の FORTRAN プログラムを CD-ROM に収録)

4.4 解析例とプログラム

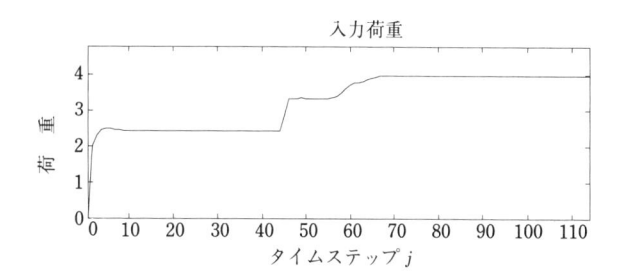

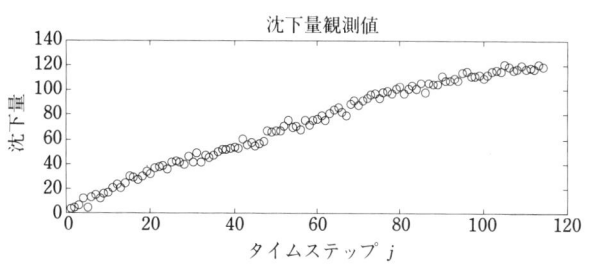

図 4.4.3 解析に用いたデータ

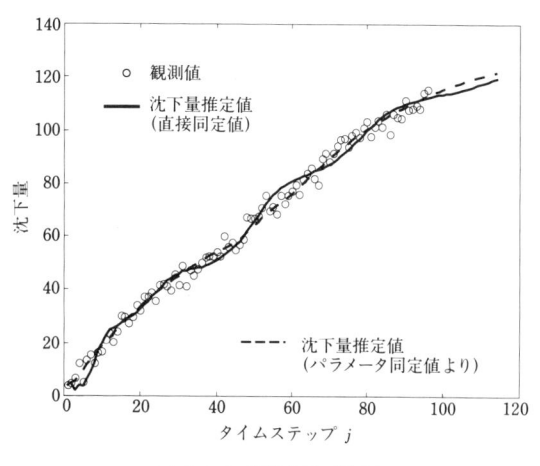

図 4.4.4 解析結果（同定）

4. カルマンフィルタによる逆解析

図4.4.2のカルマンフィルタ・アルゴリズムの部分を見ると，プログラムが式 (4.3.6)〜(4.3.11) をほとんどそのまま並べただけの簡単なものであることがわかる．

図4.4.3はプログラムの実行により出力される図である．図4.4.3の上側の図は建物荷重の経時変化，下側の図は沈下量の観測値の経時変化を表している．これらはいずれも入力データである．

時刻値	建物荷重値
3.4300000e+02	4.7724000e+00
3.4600000e+02	4.7724000e+00
3.4900000e+02	4.7724000e+00
3.5200000e+02	4.7724000e+00
3.5500000e+02	4.7724000e+00
3.5800000e+02	4.7724000e+00
3.6100000e+02	4.7724000e+00
3.6400000e+02	4.7724000e+00
3.6700000e+02	・・・・・・
3.7000000e+02	・・・・・・
(以後，省略)	

図 4.4.5　入力データ

図4.4.4も同様に，プログラムの実行により出力される図である．こちらの図は沈下量の観測値の経時変化とともに，逆解析の結果としてダイレクトに推定した沈下量推定値とパラメータ同定値を用いて推定した沈下量推定値を併せて表示している．

後者の推定値は，次のように求めたものである．すなわち，カルマンフィルタにより逆解析を行うと，パラメータ同定値は時々刻々と数多く得られる．それらのうち，最終タイムステップにおける値を用いて，式 (4.4.1) により沈下量推定値を求めた．

以上の処理により解析モデル式のパラメータの値は同定された．つぎにそれを用いて，今後の建物荷重の推移予定を入力して，それに伴う沈下量の推移予測を行う．図4.4.5は解析に使用するデータ（ファイル名：fu. dat）である．データは一定時間間隔の時刻値・建物荷重値の2列で構成されている．なお，この場合も前解析と同様，時刻値は解析に使用していない値であり，単にメモとして使用している．

図4.4.6のプログラムを実行すると，図4.4.7が出力される．図4.4.7の上側の図は建物荷重の経時変化，下側の図は沈下量の観測値と予測値の経時変化を表している．図の中に，現時点の位置（114タイムステップ（=114×3日=342日））を表示している．現時点以前のプロットは沈下量観測値であり，それ以後は今後の建物荷重の推移に対する沈下量の推移の予測結果である．

```
% **********************
% Prediction by Kalman Filter
% **********************
clear;

% ======== DATA INPUT =======
  load para.dat;                    ←パラメータ同定値の読み込み
  load fu.dat;                      ←予測に用いる荷重データの読み込み
  load data.txt;                    ←同定に用いた入力データの読み込み
  ui =   data(:,2);                 ←同定に用いた荷重データ
  vi =   data(:,3);                 ←同定に用いた観測値データ
  u2 = [ui; fu(:,2)];               ←全荷重データ（同定＋予測）
  ni = max(size(ui))                ←同定に用いたデータの個数
  np = max(size(fu))                ←予測に用いるデータの個数

% ======= PREDICTION BY KALMAN FILTER =======
yr1 = vi(ni); yr2 = 2*vi(ni) − vi(ni−1);
ye2 = zeros(np,1); ye2(1) =yr1; ye2(2) = yr2;          }初期値 $Y_1$, $Y_2$ のセット
for j = 2 : np−1;
  ye2(j+1)=[ye2(j) ye2(j−1) fu(j,2) fu(j−1,2)]*para;   }式(4.4.1)により
end;                                                    }$Y_3$, $Y_4$, … を予測
yd2 = [vi;ye2];

% ====== RESULT  PLOT ======
TimeAll = [1: (ni+np)]';
TimeObserve = [1:ni]';
clf, subplot(211),plot(TimeAll,u2) ,title('Future Load'),
ylabel('Load'),xlabel('Time Step   j');                }解析結果の図化
subplot(212),plot(TimeObserve,vi,'o',TimeAll,yd2)
title('Predicted Settlement '),
ylabel('Settlement'),xlabel('Time Step   j');
```

図 4.4.6 カルマンフィルタによる予測のプログラム・リスト
(同一内容の FORTRAN プログラムを CD-ROM に収録)

4. カルマンフィルタによる逆解析

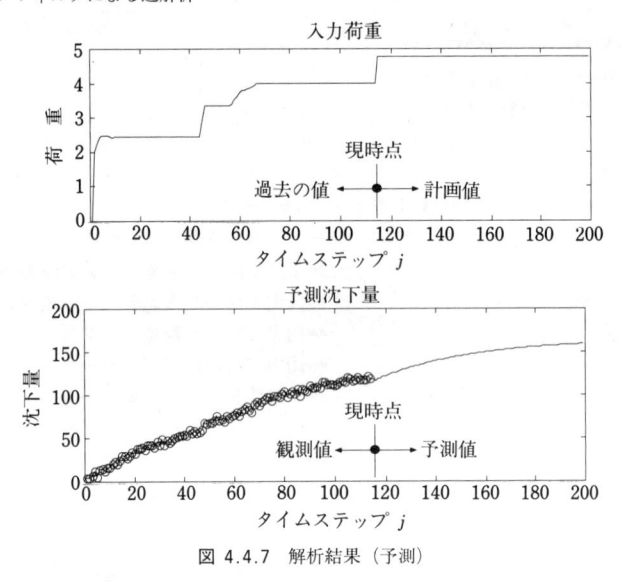

図 4.4.7 解析結果（予測）

4.5 一般的なモデル式による定式化

4.3～4.4 で前述した ARMA モデルによるカルマンフィルタの定式化のキーポイントは次のとおりである．すなわち，現象の挙動に関する基礎方程式（4.5.1）が式（4.5.2）のように表現できることである．

$$Y_j = \sum_{i=1}^{k}(a_i Y_{j-i} + b_i u_{j-i}) \qquad (4.5.1 \quad 4.3.5 再掲)$$

$$\widehat{Y}_j = M_j \widehat{X}_j \qquad (4.5.2 \quad 4.3.7 再掲)$$

つまり，式（4.5.2）は変換マトリックス $M_j = [\widehat{Y}_{j-1} \cdots \widehat{Y}_{j-k} \; u_{j-1} \cdots u_{j-k}]$ とパラメータベクトル $\widehat{X}_j = [a_1 \cdots a_k \; b_1 \cdots b_k]^T$ の積で表されている．ここが重要である．

ARMA モデル以外の解析モデル式についても，その基礎方程式を式（4.5.2）の形にすることができれば，前述した ARMA モデルに対するカルマンフィルタのアルゴリズムをそのまま用いて，逆解析を行うことができる．

まず，簡単な例として，次のような双曲線型モデル式の場合について，これを検証してみよう．

4.5 一般的なモデル式による定式化

$$Y = \frac{z}{a+bz} \tag{4.5.3}$$

ここに，z は独立変数，a, b はパラメータである．

式 (4.5.3) を式 (4.5.2) で表すためには，パラメータベクトルを $\hat{X}_j = [a \ b]^T$ と置いて，変換マトリックスを次のように設定すればよい．

$$M_j = \left[\frac{\partial Y_j}{\partial a} \ \frac{\partial Y_j}{\partial b} \right] = \left[\frac{z_j}{(a+bz_j)^2} \ \frac{z_j^2}{(a+bz_j)^2} \right] \tag{4.5.4}$$

この後は 4.3 で示した ARMA モデルに対するアルゴリズムそのままである．

カルマンゲイン $\quad L_j = P_j M_j^T [M_j P_j M_j^T + R]^{-1}$ (4.5.5)

推定誤差 $\quad e_j = Y_j - \hat{Y}_j = Y_j - M_j \hat{X}_{j-1}$ (4.5.6)

パラメータ同定値 $\quad \hat{X}_j = \hat{X}_{j-1} + L_j e_j$ (4.5.7)

観測値推定式 $\quad \hat{Y}_j = M_j \hat{X}_j$ (4.5.8)

次ステップ用の誤差共分散マトリックス

$$P_{j+1} = (I - L_j M_j) P_j (I - L_j M_j)^T + L_j R L_j^T \tag{4.5.9}$$

式 (4.5.5)～式 (4.5.9) の計算を $j=2$ から始めて，データを 1 つずつ増やしながら，$j=2, \cdots, n$ まで進めることにより，パラメータ同定値を次々と得ることができる．

```
% ======K.FILTER ALGORITHM======
dt = 1;                                          ←タイムピッチ
for j=1:n-1;
m1 = (dt*j / (x(1,j)+x(2,j)*dt*j)^2;
m2 = (dt*j)^2 / (x(1,j)+x(2,j)*dt*j)^2;
M = [ m1  m2 ];
 L=P*M'*inv(M*P*M'+R);
 x(:,j+1) = x(:,j) + L*(yr(j+1) − M*x(:,j));     カルマンフィルタアルゴリズム
 ye(j+1) = M*x(:,j+1);                           式 (4.5.4)～式 (4.5.9)
 P = (eye(2) − L*M)*P*(eye(2) − L*M)'+L*R*L';
end;
Parameter_Value = x(:,n)
save para.dat Parameter_Value −ascii;            ←逆解析により得られた
                                                   パラメータ値の保存
```

図 4.5.1 式 (4.5.3) の場合のカルマンフィルタ・プログラム（部分）

4. カルマンフィルタによる逆解析

図4.5.1は図4.4.2に示したARMAモデルのカルマンフィルタ・アルゴリズムとの相違点をプログラムで示している．すなわち，図4.4.2におけるカルマンフィルタ・アルゴリズムの部分が図の下線のように変化する．

次に，解析モデル式が複雑な場合におけるカルマンフィルタの定式化について述べる．

山留めの解析や有限要素解析の場合，全体系の運動方程式は次式で与えられる．

$$P = K\delta \tag{4.5.10}$$

ここに，P は外力ベクトル，K は剛性マトリックス，δ は変位ベクトルである．

逆解析の対象であるパラメータが2つの地層のヤング率 E_1, E_2 とポアソン比 ν_1, ν_2 であるとする．それらを1つのパラメータベクトルにまとめ，次のように表す．

$$\hat{X}_j = \{E_1 \ E_2 \ \nu_1 \ \nu_2\}_j^T \tag{4.5.11}$$

式（4.5.10）を次の式（4.5.12）の形に変形したい．それができれば，カルマンフィルタのアルゴリズムにもち込むことができる．

$$\hat{Y}_j = M_j \hat{X}_j \tag{4.5.12}$$

ここに，観測値を要素にもつベクトルを Y_j とすると，$\hat{Y}_j$ はそれに対応する推定値である．仮に観測点が7つあり，それらの点における変位の測定値を $y_k (k=1, 2, \cdots, 7)$ とすると，観測値ベクトル Y_j は次式で表すことができる．

$$Y_j = \{y_1 \ y_2 \ \cdots \ y_7\}_j^T \tag{4.5.13}$$

そして，これに対応する推定値ベクトル $\hat{Y}_j$ を次式で表す．

$$\hat{Y}_j = \{F_1 \ F_2 \ \cdots \ F_7\}_j^T \tag{4.5.14}$$

そして，変換マトリックスを次のように設定する．

$$M_j = \begin{bmatrix} \dfrac{\partial F_1}{\partial E_1} & \dfrac{\partial F_1}{\partial E_2} & \dfrac{\partial F_1}{\partial \nu_1} & \dfrac{\partial F_1}{\partial \nu_2} \\ \dfrac{\partial F_2}{\partial E_1} & \ddots & & \vdots \\ \vdots & & \ddots & \vdots \\ \dfrac{\partial F_7}{\partial E_1} & \cdots & \cdots & \dfrac{\partial F_7}{\partial \nu_2} \end{bmatrix}_j \tag{4.5.15}$$

これにより，ようやく次のようなカルマンフィルタが適用可能な形になった．

$$\hat{Y}_j = M_j \hat{X}_j \qquad (4.5.16 \quad 4.5.2 再掲)$$

問題は，式（4.5.15）の変換マトリックスの要素の中身をどのようにして求め

るかである．一般的には，この要素の中身を数式的に求めることは容易ではない．できる場合もあるが，式の誘導がきわめて煩雑である．しかも，逆解析の対象とするパラメータの種類（ヤング率，ポアソン比，初期応力等）により，誘導式が異なる．したがって，簡単にプログラミングして明日から自分の業務に用いるというようなわけにはいかない．

以上のように，変換マトリックスを数式的に求めることは容易ではないが，影響係数法[8]を利用すれば，式(4.5.15)を数値的に推定することは可能である．たとえば，式(4.5.17)は式(4.5.15)の1行1列目の要素の値をこの方法により推定したものである．

$$\left[\frac{\partial F_1}{\partial E_1}\right]_j \cong \left[\frac{F_1(\hat{X}+\varepsilon_1 \Delta E_1)-F_1(\hat{X})}{\Delta E_1}\right]_j \quad (4.5.17)$$

ここに，ε_1 は $\varepsilon_1=[1\ 0\ 0\ 0]^T$，$\Delta E_1$ は E_1 の微小な変化量である．

$F_1(\hat{X})_j$ や $F_1(\hat{X}+\varepsilon_j \Delta E_1)_j$ の値は順解析（通常の入力を与えて応答を得る計算）を行えば容易に求めることができるので，その結果を式(4.5.17)に代入すれば，1行1列目の要素の値は求まる．同様にして，式(4.5.15)の各要素の値をすべて求めることができる．

ここまでできれば，後は前述したとおり，式(4.5.5)～式(4.5.9)に示したカルマンフィルタ・アルゴリズムによりパラメータ同定値を求めることができる．

文献

1) 近藤一平，濱本卓司：振動台実験のランダム応答データを用いた多層建築物の損傷検出，日本建築学会構造系論文集，第473号，pp.67-74, 1995.
2) 脇田英治：建物の沈下の観測的予測法とその適用性の検討，構造工学論文集，Vol.41 B, pp.101-108, 1995.
3) 高田博，P.F.Wang, P.Davies：近距離音場ホログラフィー法に関する研究，日本機械学会論文集（C編），61巻，587号，pp.366-371, 1995.
4) 佐久間康宏，宮里智樹，玉城史朗，金城寛，山本哲彦：非線形伝熱プロセスのロバストディジタル制御，日本機械学会論文集（C編），61巻，588号，pp.82-88, 1995.
5) 斉藤芳人，星谷勝：構造物の同定・予測・制御に関する基礎的考察，土木学会論文集，第489号，pp.91-100, 1994.
6) 脇田英治，松尾稔：沈下管理システムとその適用法に関する研究，土木学会論文集，第487号，pp.51-60, 1994.
7) 松本則夫，高橋誠，北川源四郎：地震に伴う地下水位変動の定量的な検出法の開発，地質調査所月報，第40巻，第11号，pp.613-623, 1989.

4. カルマンフィルタによる逆解析

8) William W.G.Yen：Review of Parameter Identification Procedures in Groundwater Hydrology；The Inverse Problem, Water Resources Research Vol.22, No.2, 1986.

5. 最小2乗法による逆解析

5.1 最小2乗法の基本概念

独立変数 x_1 とそれに従属する変数 y の関係が次式で与えられる問題を考える.
$$y = a_0 + a_1 x_1 \tag{5.1.1}$$

単純な逆解析の例として, y の観測データが得られているとき, それを用いて, 式 (5.1.1) のパラメータ a_0, a_1 の値を同定したい. これを図上で考えると, 図5.1.1のようになる.

直線をどの位置に設定すれば, ●印の関係をもっともよく表したことになるのか. 最小2乗法はこの問題に対して次のようにして解答を与えようとするものである. すなわち, 独立変数 x_1 を式(5.1.1)に代入して求めた従属変数 y の推定値 $\hat{y}_j$ と観測値 y_j の差の2乗和である式(5.1.2)が最小となるように, 式 (5.1.1) の係数 a_0, a_1 の値を求めるのである.

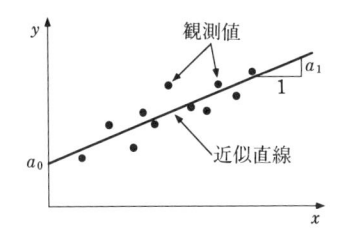

図5.1.1 式 (5.1.1) に関する最小2乗法

$$\text{目的関数} \quad J = \sum_{j=1}^{n} (y_j - \hat{y}_j)^2 \tag{5.1.2}$$

5.2 線形最小2乗法と非線形最小2乗法

5.2.1 線形最小2乗法

線形最小2乗法とは, モデル式が次のような線形関数で与えられる場合の最小2乗法である.

5. 最小2乗法による逆解析

$$\hat{y}_i = \sum_{j=1}^{k} x_{ij} \theta_j \qquad (5.2.1)$$

ここに，θ_j はパラメータ，x_{ij} は独立変数である．

変数を次のように，ベクトルとマトリックスで表す．

$$\hat{\boldsymbol{y}} = \left\{ \begin{array}{c} \hat{y}_1 \\ \hat{y}_2 \\ \vdots \\ \hat{y}_n \end{array} \right\}, \quad \boldsymbol{\theta} = \left\{ \begin{array}{c} \theta_1 \\ \theta_2 \\ \vdots \\ \theta_k \end{array} \right\} \qquad (5.2.2)$$

$$\boldsymbol{M} = \begin{bmatrix} x_{11} & \cdots & x_{1k} \\ \vdots & \ddots & \vdots \\ x_{n1} & \cdots & x_{nk} \end{bmatrix} \qquad (5.2.3)$$

これにより，式 (5.2.1) は次のように表される．

$$\hat{\boldsymbol{y}} = \boldsymbol{M}\boldsymbol{\theta} \qquad (5.2.4)$$

そこで，これを用いて，最小化すべき残差平方和は次式で表される．

$$J = \sum_{j=1}^{n} (y_j - \hat{y}_j)^2 = (\boldsymbol{y} - \boldsymbol{M}\boldsymbol{\theta})^T (\boldsymbol{y} - \boldsymbol{M}\boldsymbol{\theta}) \qquad (5.2.5)$$

ここに，$\boldsymbol{y}$ は観測値を要素にもつベクトルである．

式 (5.2.1) が線形関数なので，J は単調な変化をする2次関数である．したがって，J を最小にするパラメータ $\hat{\boldsymbol{\theta}}$ は，$\dfrac{\partial J}{\partial \boldsymbol{\theta}} = 0$ と置くことにより，次のように求まる．

$$\hat{\boldsymbol{\theta}} = (\boldsymbol{M}^T \boldsymbol{M})^{-1} \boldsymbol{M}^T \boldsymbol{y} \qquad (5.2.6)$$

以上を MATLAB のプログラムで示せば，次のとおりである．

```
load y.dat              ……… 観測データ y の読込み
load M.dat              ……… 観測データ x の読込み
Sita=inv(M'*M) *M'*y    ……… 解のパラメータ値の算定・表示
```

驚異！たった3行で計算するとは！

モデル式が線形関数であれば，この3行の計算により，解が求まる．

5.2.2 非線形最小2乗法

これに対して，非線形最小2乗法とは，モデル式が非線形関数で与えられる場合の最小2乗法である．図5.2.1はこのような線形関数と非線形関数の違いを表している．

非線形関数の例を式で示せば，次のとおりである．

$$y = x_1 \exp(x_2^2) + x_3/(1+x_4) \tag{5.2.7}$$

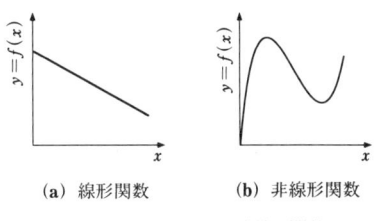

(a) 線形関数　　**(b)** 非線形関数

図 5.2.1　線形関数と非線形関数

このように，モデル式が対数，指数，三角関数などを含むと，目的関数が複雑な解曲面を形成するため，前述（式(5.2.6)）のように一発で解が求まるというわけにはいかない．したがって，このような場合には，図5.2.2に示すように，まずパラメータの初期値を設定して，そこからスタートし，目的関数（式(5.1.2)）の値が小さくなる方向に解を徐々に探索していくしかない．

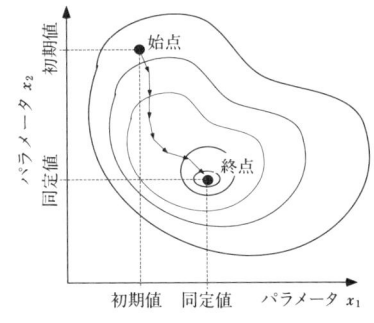

図 5.2.2　非線形最小2乗法における解の探索プロセス

目的関数の最小化のための手法としては，準ニュートン法や最急降下法などの方法が用いられる．そして，1ステップあたりの目的関数の変化量が与条件の収束精度値以下となれば，解析は終了である．そのときのパラメータの値が同定値である．

5.3　オンライン方式とオフライン方式の関係

第4章で前述したカルマンフィルタによる逆解析と，最小2乗法による逆解析の一番大きな相違点は，前者が「オンライン方式」であるのに対して，後者が「オ

5. 最小2乗法による逆解析

フライン方式」であることである．ここでは，その意味と両者の関係について記述する．

簡単な例として，逆解析の対象システムが，次のようなモデル式で表すことができる場合を考える．

$$y = ax \tag{5.3.1}$$

観測値 (x_j, y_j) $(j=1, \cdots, n)$ を用いて，最小2乗法によりパラメータ a を同定する．これは次の目的関数を最小にすることで得られる．

$$J = \sum_{j=1}^{n} (y_j - ax_j)^2 \tag{5.3.2}$$

次式を満足する a の値が式 (5.3.2) を最小にする解 a である．

$$\frac{dJ}{da} = 2\sum_{j=1}^{n} x_j(y_j - ax_j) = 0 \tag{5.3.3}$$

式 (5.3.3) より，解 a は次のように求まる．

$$a = \sum_{j=1}^{n} x_j y_j \cdot \left(\sum_{j=1}^{n} x_j^2\right)^{-1} \tag{5.3.4}$$

このようにして得られる解 a に関して，観測データの数が i 個のときの値を a_i とおく．それに対して，観測データの数が $(i+1)$ 個のときの値は a_{i+1} であり，次式で表すことができる．

$$a_{i+1} = \sum_{j=1}^{i+1} x_j y_j \cdot \left(\sum_{j=1}^{i+1} x_j^2\right)^{-1} = \left(\sum_{j=1}^{i} x_j y_j + x_{i+1} y_{i+1}\right) \cdot \left(\sum_{j=1}^{i+1} x_j^2\right)^{-1} \tag{5.3.5}$$

ここで，式を簡便な記述にするために，次のような変数 g_i を定義する．

$$\sum_{j=1}^{i+1} x_j^2 = g_{i+1} = g_i + x_{i+1}^2 \tag{5.3.6}$$

式 (5.3.4) を変形し，式 (5.3.6) の変数 g_i を用いて表すと，次式となる．

$$\sum_{j=1}^{i} x_j y_j = a_i \sum_{j=1}^{i} x_j^2 = a_i g_i \tag{5.3.7}$$

式 (5.3.7) を式 (5.3.5) に代入し，整理する．

$$\begin{aligned} a_{i+1} &= (a_i g_i + x_{i+1} y_{i+1}) \cdot g_{i+1}^{-1} \\ &= \{a_i(g_{i+1} - x_{i+1}^2) + x_{i+1} y_{i+1}\} \cdot g_{i+1}^{-1} \\ &= a_i + x_{i+1} g_{i+1}^{-1}(y_{i+1} - a_i x_{i+1}) \end{aligned} \tag{5.3.8}$$

式 (5.3.8) はカルマンフィルタによる逆解析で，前述した式 (4.3.10) と式の形が同じである．

5.3 オンライン方式とオフライン方式の関係

$$\hat{\boldsymbol{X}}_j = \hat{\boldsymbol{X}}_{j-1} + \boldsymbol{L}_j e_j \qquad (5.3.9 \quad 4.3.10 \text{ 再掲})$$

つまり，式 (5.3.8) の $x_{i+1}g_{i+1}^{-1}$ はカルマンゲイン $\boldsymbol{L}_j$ に，$(y_{i+1}-a_ix_{i+1})$ は観測値とその推定値の差 e_j に相当するものである．これらの記号を用いて，式(5.3.8)を書き直すと，次のように表すことができる．

$$a_{i+1} = a_i + L_{j+1}e_{j+1} \qquad (5.3.10)$$

したがって，最小2乗法の式 (5.3.4) からカルマンフィルタの式 (5.3.10) が誘導されたことになる．

以上の式の展開の中で大きく異なる2つの概念が存在している．その1つは式 (5.3.10) である．第4章で前述したように，これらの式による逆解析は初期値から出発して，$i=3,4,5,\cdots,n$ とステップ計算を繰り返しながら，そのたびごとに解を求める方式である．この場合，全ステップ数を n とすれば，$n-k$ 個の解が得られる（k は整数）．ただし，解の精度はステップ計算を繰り返すほど向上するので，$i=n$ のときの解がもっとも高精度ということになる．逆解析法におけるこのような解の求め方は「オンライン方式」と呼ばれる．カルマンフィルタによる逆解析は「オンライン方式」の典型である．

それに対して，もう1つの逆解析の方式がある．それは「オフライン方式」である．前述した式 (5.3.4) がそれである．この方式の場合には，全観測データを一度に用いて，式 (5.3.4) により，瞬時に解を求めることができる．最小2乗法による逆解析はこのような「オフライン方式」である．

図 5.3.1 に両方式の違いを図示している．

ところが，前述したように，「オフライン方式」の式 (5.3.4) から，「オンライン方式」の式 (5.3.9) が誘導できる．このことは本質的には，「オフライン方式」と「オンライン方式」は等価であることを意味している．つまり，カルマンフィルタと最小2乗法の本質的な相違はこのようなオンラインか，オフラインかという方式の違いにあるのではなく，それ以外の部分（確率的な取扱いの相違）にあることがわかる．

5. 最小2乗法による逆解析

図 5.3.1 オンライン方式とオフライン方式

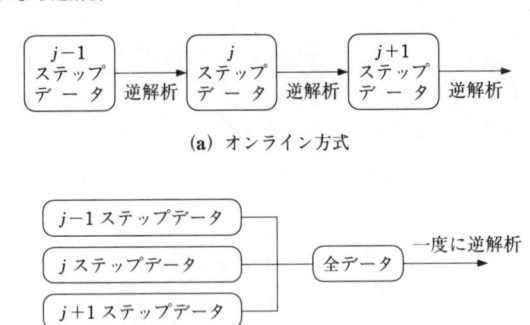

5.4 最小2乗法の前提となる4つの条件

最小2乗法は簡便な方法であり，最小2乗法により逆解析を行えば，ほとんどの場合，パラメータの同定値は得られる．しかし，その同定値が妥当なものであるかどうかは別問題である．妥当な解を得るために必要な4つの条件がある．

推定誤差を次式で定義する．

$$\text{推定誤差} = \text{観測値} - \text{推定値} \tag{5.4.1}$$

推定誤差について，次の3つの条件（あとで，1条件を追加する）が満足されるとき，最小2乗法によるパラメータの推定値が，その観測データに対する推定値の中で最良であることが保証される．逆をいえば，この3つの条件が満足されていなければ，得られたパラメータ同定値は最良ではなく，他に最良同定値が存在している可能性がある．

［推定誤差に求められる3つの条件］
① 偏りがない
② 分散が一定である
③ 相関がない

これらのうち，「①偏りがない」とは，誤差の平均値（期待値）がゼロというこ

5.4 最小2乗法の前提となる4つの条件

とである．つまり，複数の観測ポイントにおけるそれぞれの測定値の誤差の平均値がゼロでなければいけない．たとえば，測定機器に異常があり，真の値よりも少し大きい値が測定値として表示される場合，測定値の分布は真の値の分布よりも全体的にずれることになる．このことを無視して最小2乗法を適用すると，本来は真の値に対して行うべき誤差2乗和の最小化を偏りのある値に対して行うことになり，正しい解が得られない．

次の条件「②分散が一定である」とは，観測データのどの部分を取っても，推定誤差の分散が同じ値を示すということである．たとえば，観測期間の途中で計測機器や方法を変えると，誤差のばらつきが変り，観測の全期間を通じて，分散が一定でなくなる．

さらに次の条件「③相関がない」とは，観測データの任意の i 点における推定誤差 e_i と，他の j 点における推定誤差 e_j との間に相関がない，つまり，その共分散がゼロということである．

さらに，以上3つの条件の他に，もう1つ条件が加わると，解の最良性はさらに保証される．その第4の条件とは，「④推定誤差の分布が1つの正規分布に従う」ということである．これが満足される場合には，得られたパラメータ同定値が，すべての同定値の中で最良であることが保証される．つまり，前述の3つの条件では，与えられた観測データに対してのみの最良性が保証されていたが，それにもう1つ条件が付くと，今後，計測予定の観測データ（ただし，同一の確率分布に従うデータ）も含めて，それらに対するあらゆる推定値の中で最良であることが保証される．

カルマンフィルタの場合には，以上4つの条件をアルゴリズムの中に内包している．したがって，観測値に偏りがあったり，観測値の誤差分散が正規分布でない場合や解析区間の途中でシステムに変化が生じている場合，解析結果に兆候が現れるので，それに基づいて，処置を取ることが比較的容易である．これに対して，最小2乗法の場合には，以上4つの条件はアルゴリズムの中ではまったく考慮されていない．これが，カルマンフィルタと比較した場合の最小2乗法の欠点である．

同定結果・予測結果の信頼度を確保することは，逆解析にとって重要な課題である．そのためには，以上4つの条件が満足されているかどうか，注意が必要で

ある.4つの条件のうち,「③相関がない」については,8.3で後述するダービン・ワトソン比を求めることにより判定することができる.また,その他の①,②,④の条件については,推定誤差の分布をヒストグラムに表し,分布を調べるなどの処置が必要となる場合もある.

5.5 解析例とプログラム(その1)

最小2乗法による逆解析について,より理解を深めるために,解析例とそのプログラムを次に示す.

図5.5.1は逆解析に用いる入力データである.このデータはデータ x とデータ y の2列からなっている.データ x は独立変数,データ y はそれに従属する変数の観測値である.

まず簡単な例として,式 (5.5.1) のような解析モデル式を設定し,観測データを用いた逆解析により,この式のパラメータ a, b の値を同定する.

$$y = \frac{x}{a+bx} \quad (5.5.1)$$

データ x	データ y
0.0000000e+00	0.0000000e+00
8.5068000e+01	6.2338000e-01
1.5023000e+02	1.4026000e+00
2.1357000e+02	2.3377000e+00
2.7330000e+02	3.2208000e+00
3.4932000e+02	4.5714000e+00
3.9638000e+02	5.5065000e+00
4.8688000e+02	7.4805000e+00
5.5023000e+02	9.0909000e+00
5.9910000e+02	1.0494000e+01

図 5.5.1 入力データ

図5.5.2はそのプログラムである.まずはプログラムに付された解説に従って,プログラムをみていただきたい.

本解析では,以上のメインプログラム・ファイルの他に,次の関数ファイルが計算に必要である.この関数ファイルの名前はFunOpt.mである.メインプログラム・ファイルをみると,その中程のところに,このファイル名が記されているのがわかる.メインプログラム・ファイルの当該部分の実行時に,この関数ファイルが呼び出され,関数内容が実行される.

この関数の内容は次のようなものである.

$$\text{目的関数 } J = \sum \{観測値 - 式 (5.5.1) による推定値\}^2 \quad (5.5.2)$$

図5.5.3をみると,その内容が式 (5.5.1),(5.5.2) どおりになっていることが

5.5 解析例とプログラム（その1）

```
%***************************
%  Back-analysis by Least Sq. Method
%***************************
clear;
global xdata ydata        ←サブプログラム (FunOpt) と共有する変数名の定義

  %=====DATA INPUT=======
load data.txt;            ←データの読み込み
xdata = data(:,1);        ←変数 xdata の値  ⎫
ydata = data(:,2);        ←変数 ydata の値  ⎬ 変数値のセット
x =0 : max(xdata);                          ⎭
n = max(size(x));         ←データ数

  %======OPTIMIZATION=======
p = fmins('FunOpt',[100 0]');   ←図 5.5.3 に示す目的関数 (FunOpt) の最小化
                                 を実施．fmins は準ニュートン法により目的
                                 関数の最適化を行う関数．[100 0] はパラメー
                                 タ p (式(5.5.1) の a と b) の初期値．
y = x./ (p(1)+x.*p(2));   ←逆解析の結果として得られたパラメータ値を
                           用いて式 (5.5.1) により y の推定値を計算．

% ======RESULT PLOT=======
 clf; plot(x(1:n),y,xdata,ydata,'o'),                    ⎫
 ylabel('Data  y'),xlabel('Data  X'), grid;              ⎬
 gtext(['Equation    Y = X / (a + b * X)'] ),            ⎬ 解析結果の図化
 gtext(['Parameter   a = ',num2str(p(1))] ),             ⎬
 gtext(['Parameter   b = ',num2str(p(2))] );             ⎭
```

図 5.5.2 最小2乗法による逆解析のプログラムリスト1（メインプログラム）
（同一内容の FORTRAN プログラムを CD-ROM に収録）

わかる．

この例では，逆解析の前提として，データ x とデータ y の間に式(5.5.1)が成立することを仮定している．図5.5.4 は最小2乗法による逆解析の結果である．横軸にデータ x，縦軸にデータ y を取って，観測データを●印でプロットし，逆解析の結果として求まった式(5.5.1)のパラメータの値を図中に表示し，それを用いて，式(5.5.1) により計算した y の値を実線で表示している．

5. 最小2乗法による逆解析

```
function J = FunOpt(p)
global xdata ydata
q = (xdata)./(p(1)+(xdata).*p(2));
J = sum((ydata − q).^2);
```
← メインプログラムと共有する変数名の定義

} 式 (5.5.1) を用いて式 (5.5.2) を計算

図 5.5.3　最小2乗法による逆解析のプログラムリスト2（サブプログラム）

$y = x/(a+bx)$
$a = 106.4$
$b = -0.0831$

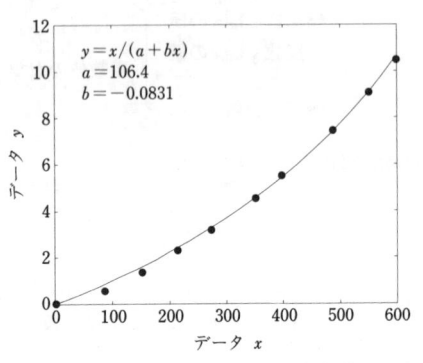

図 5.5.4　最小2乗法による逆解析の結果

5.6　解析例とプログラム（その2）

5.5 では解析モデル式がシンプルな場合の例を取りあげた．ここでは解析モデル式が複雑な例として，有限要素法の場合について述べる．

解析モデル式が有限要素法に代っても，全体としてのプログラムの構造に大きな変化はない．図 5.5.3 に示した関数ファイルの部分が有限要素法の計算を行う関数ファイルに置き換わるのが唯一大きな相違である．

関数ファイルの役目（逆解析における解析モデル式の役目に相当）は入力データを受け入れて，それを用いて，解析モデル式の応答値を算定し，それと観測値との差の2乗和を求めることである．したがって，関

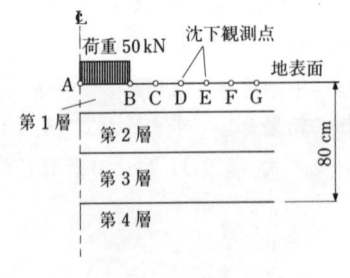

図 5.6.1　舗装の載荷試験

72

5.6 解析例とプログラム (その2)

数ファイルの中の応答計算を双曲線式(式(5.5.1))から有限要素解析のものへ変更すれば，こと足りる．

数値解析ソフト MATLAB は，有限要素解析ツール(PDE Toolbox)をオプションとして装備しているので，図5.6.2～図5.6.3のプログラムリストでは，それを用いた場合の記述となっている．ただし，それを用いない解析法として，MATLAB には FORTRAN や C/C++のプログラムをそのまま利用できる機能(MEX)もあるので，他の言語で書かれた有限要素解析のプログラムを取り込んで使うこともできる．また，MATLAB以外の数値解析ソフトによる場合も，書式の相違はあるが，基本的な部分は同じである．

図5.6.1は舗装の載荷試験を表しているが，これに関する逆解析の例として，遺

```
%************************************
%Back-analysis by Least Sq. Method for FEM
%************************************
clear;

%======DATA INPUT=======

load bgdata;                    ←有限要素解析を行うための境界条件・
                                 荷重データの読み込み

nn = [38 59 136 278 364 467 673]';   ← nn は沈下観測位置の節点番号であり，
                                      nn(1)～nn(7)が A～G の測点位置に
                                      対応している．

ydata = [14.1 8.2 6.0 4.8 4.0 3.5 3.1]';  ← ydata は沈下観測値であり，ydata(1)
                                            ～ ydata(7)が A～G の測点での値に
                                            対応している．

po = [100000 1000 1000 1000]';   ← po はパラメータ $p$ の初期値．p(1)～
                                  p(4)は地盤の第1層から第4層のヤン
                                  グ率に相当する．

%======OPTIMIZATION=======
p = fmins('FunOpt',po,nn,ydata,b,g);  ←図5.6.3に示す目的関数(FunOpt)の最
                                       小化を実施．fmins は準ニュートン法
                                       により目的関数の最小化を行う関数．
                                       b, g は有限要素解析を行うための境
                                       界条件・荷重データ．
```

図 5.6.2 最小2乗法による逆解析のプログラムリスト1(メインプログラム)

5. 最小2乗法による逆解析

```
function J = FunOpt(p,nn,ydata,b,g)        ←関数の引数である nn, ydata, b, g につ
                                             いては図5.6.2に説明を付した．
[ ux, uy ]  = FEM (p,b,g);                 ←有限要素解析を行うサブプログラム
                                             である．p は同定対象のパラメータ
                                             であり，これを入力として解析を行
                                             い，変位 [ux, uy] を出力する．p(1)
                                             〜p(4) は地盤の第1層から第4層の
                                             ヤング率である．

n = max(size(nn));
uc = zeros(n,1);
for j = 1:n;                     ⎫
  uc = uy(nn(j));                ⎬  uy は FEM による y 方向変位解．観測値に対応する節点番
end;                             ⎭  号の位置の uy を求めている．
J = sum(( ydata − uc ).^2);                ← [観測値−推定値] の2乗和の算定．
```

図 5.6.3 最小2乗法による逆解析のプログラムリスト 2 (サブプログラム)

伝的アルゴリズムを用いた亀山・姫野ら[1]の解析事例などがある．ただし，ここでの内容はそれとは直接的な関係はない．

図 5.6.1 では，左右対称なので，左側半分の図表示を省略している．地盤の表層部分に 80 cm の厚さの舗装が施工されている．施工後，その舗装の仕上がり具合をテストするために，載荷試験が実施された．

地表面に 50 kN の荷重が載荷され，そこから所定の距離離れた地表面上の測点 (A〜G) で沈下が計測された．舗装は図に示すように4層構造であり，各層のヤング率がそれぞれ異なっている．沈下の観測データを用いて，これらのヤング率の逆解析を行う．

図 5.6.2〜図 5.6.3 が逆解析を行うためのプログラムのリストである．

本解析では，以上のメインプログラム・ファイルの他に，関数ファイル(FunOpt)が計算に必要である．メインプログラム・ファイルをみると，その中程のところに，このファイル名が記されているのがわかる．さらに，図 5.6.3 の関数(FunOpt)のリストをみると，その中程のところに，FEM という関数名が記されているのがわかる．この関数ファイルは有限要素解析を行うためのものである．

5.7 動的解析への適用

5.7.1 線形解析への適用

多質点系モデル,あるいは有限要素モデルの振動方程式は次式で与えられる.

$$M\ddot{x} + C\dot{x} + Kx = p \qquad (5.7.1)$$

ここに,M は質量マトリックス,C は減衰マトリックス,K は剛性マトリックスである.また,$\ddot{x}$ は加速度ベクトル,$\dot{x}$ は速度ベクトル,x は変位ベクトル,p は外力ベクトルである.

3.4 で前述したように,式 (5.7.1) は変形すると,次のように表すこともできる.

$$\frac{d}{dt}\begin{Bmatrix} x \\ \dot{x} \end{Bmatrix} = \begin{bmatrix} [0] & I \\ -M^{-1}K & -M^{-1}C \end{bmatrix}\begin{Bmatrix} x \\ \dot{x} \end{Bmatrix} + \begin{bmatrix} [0] & [0] \\ [0] & M^{-1} \end{bmatrix}\begin{Bmatrix} [0] \\ p \end{Bmatrix} \qquad (5.7.2)$$

ここに,I は対角項が 1,他の要素がすべて 0 のマトリックス(単位マトリックス)である.また,[0] はすべての要素が 0 のマトリックスである.

さらに,式 (5.7.2) で次のようにおけば,連続型状態方程式 (5.7.4) が得られる.

$$A_c = \begin{bmatrix} [0] & I \\ -M^{-1}K & -M^{-1}C \end{bmatrix},\ B_c = \begin{bmatrix} [0] & [0] \\ [0] & M^{-1} \end{bmatrix},\ x_n = \begin{Bmatrix} x \\ \dot{x} \end{Bmatrix},\ u = \begin{Bmatrix} [0] \\ p \end{Bmatrix} \qquad (5.7.3)$$

$$\dot{x}_n = A_c x_n + B_c u \qquad (5.7.4\ 3.4.1\text{再掲})$$

さらに,式 (5.7.4) は次のような離散系の状態方程式に変換することができる.

$$X_j = A_d X_{j-1} + B_d u_{j-1} \qquad (5.7.5\ 3.4.8\text{再掲})$$

ここでは,以上の関係式を用いて,動的線形システムのパラメータの逆解析法を示す.例題として,比較的単純な例として,図 5.7.1 に示すような多質点系の解析モデルを用いる.このモデルは図に示すように,せん断型変形をする 4 階建

表 5.7.1 解析に用いるパラメータの値

	単位	4 F	3 F	2 F	1 F
質量 m_i	kNs²/cm	1.10×10^2	1.30×10^2	1.00×10^2	0.50×10^2
剛性係数 k_i	kN/cm	1.40×10^5	2.11×10^5	1.75×10^5	1.40×10^5
粘性係数 c_i	kNs/cm	6.90×10^2	5.04×10^2	7.53×10^2	4.41×10^2

5. 最小2乗法による逆解析

ての建物をモデル化したものである．**表**5.7.1は解析に用いるパラメータの値を示している．

図5.7.2に示す地震波は1995年1月に神戸海洋気象台で観測された地震波のEW成分である．**図**5.7.1に示す解析モデルの地盤部分に，**図**5.7.2に示す地震波加速度成分を入力として与える．

解析に先立ち，**表**5.7.1に示すパラメータ値を用いて，シミュレーションを行う．その解析により得られた各階の変位応答を逆解析用の観測データ（図5.7.3）とする．つぎに**表**5.7.1のパラメータのうち剛性係数のみを与えず，それを未知数として，逆解析を実施する．そして，**表**5.7.1に示す正解値とほぼ同じパラメータ値が，逆解析により確実に同定されるかどうかを調べる．

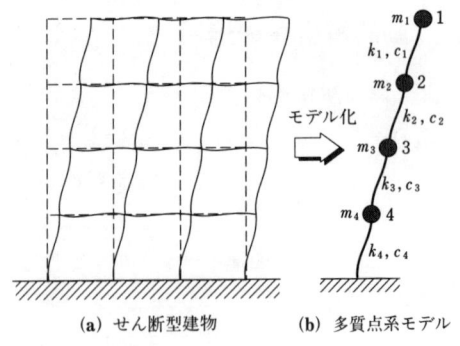

図 5.7.1 建物とその解析モデル

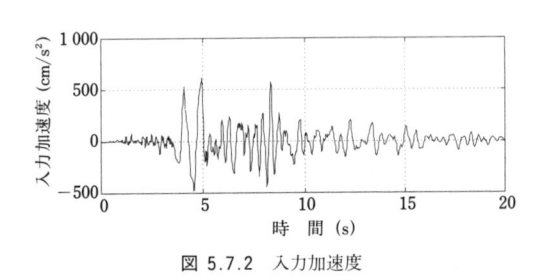

図 5.7.2 入力加速度

式(5.7.3)の係数マトリックス A_c の中の M, K, C は図5.7.1のような多質点系モデルの場合，次式で与えられる．

$$M = \begin{bmatrix} m_1 & 0 & \cdots & 0 \\ 0 & \ddots & & \vdots \\ \vdots & & \ddots & 0 \\ 0 & \cdots & 0 & m_L \end{bmatrix} \tag{5.7.6}$$

$$K = \begin{bmatrix} k_1 & -k_1 & 0 & \cdots & 0 \\ 0 & \ddots & & & \vdots \\ \vdots & -k_{j-1} & k_{j-1}+k_j & -k_j & \\ & & & \ddots & 0 \\ 0 & \cdots & 0 & -k_{L-1} & k_{L-1}+k_L \end{bmatrix} \tag{5.7.7}$$

5.7 動的解析への適用

入力地震加速度	4階変位	3階変位	2階変位	1階変位
9.5100e-02	0	0	0	0
9.5100e-02	1.9020e-05	1.9016e-05	1.8878e-05	1.6632e-05
1.2500e-01	7.6060e-05	7.5767e-05	7.2461e-05	5.3349e-05
9.5100e-02	1.7671e-04	1.7351e-04	1.5607e-04	1.0246e-04
9.5100e-02	3.1856e-04	3.0383e-04	2.5748e-04	1.5904e-04
1.2500e-01	4.8804e-04	4.4780e-04	3.6396e-04	2.1752e-04
1.2500e-01	6.7657e-04	5.9963e-04	4.7916e-04	2.8420e-04
1.5500e-01	8.7122e-04	7.5794e-04	6.0495e-04	3.5789e-04
2.1500e-01	1.0608e-03	9.2223e-04	7.3776e-04	4.3553e-04
2.4500e-01	1.2519e-03	1.0996e-03	8.8340e-04	5.2396e-04
3.3400e-01	1.4562e-03	1.2929e-03	1.0455e-03	6.2220e-04
4.8400e-01	1.6911e-03	1.5107e-03	・・・	・・・
5.1400e-01	1.9946e-03	・・・	・・・	・・・
4.8400e-01	・・・	・・・	・・・	・・・

(以後,省略)

図 5.7.3 入力データ

$$\boldsymbol{C} = \begin{bmatrix} c_1 & -c_1 & 0 & \cdots & 0 \\ 0 & \ddots & & & \vdots \\ \vdots & -c_{j-1} & c_{j-1}+c_j & -c_j & \vdots \\ & & & \ddots & 0 \\ 0 & \cdots & 0 & -c_{L-1} & c_{L-1}+c_L \end{bmatrix} \tag{5.7.8}$$

逆解析において,応答計算の部分は順解析であり,次の目的関数の最小化のために,順解析の応答計算が繰り返し行われる.

$$目的関数 \quad J = \sum_{i=1}^{L} \left\{ \sum_{j=1}^{n} (y_{ij} - \widehat{y}_{ij})^2 \right\} \tag{5.7.9}$$

ここに,L は階数,n はデータ数,y_{ij} は各階の変位観測値,$\widehat{y}_{ij}$ はその推定値である.なお,ここでは観測値を仮に変位と置いているが,変位の代りに速度,加速度と置くことは可能であり,計算手順も同様である.

順解析の応答計算の計算手順は次のとおりである.
① 式 (5.7.6)〜式 (5.7.8) により,$\boldsymbol{M}, \boldsymbol{K}, \boldsymbol{C}$ を計算する.
② 式 (5.7.3) により,$\boldsymbol{A}_c, \boldsymbol{B}_c$ を計算する.
③ [連続系→離散系] 変換により,$\boldsymbol{A}_c$ を $\boldsymbol{A}_d$ に,$\boldsymbol{B}_c$ を $\boldsymbol{B}_d$ に変換する.

5. 最小2乗法による逆解析

```
%********************************
% Back-analysis of Many Damping System
%********************************
clear;
global dt u yr n L m c          ←サブプログラムと共有する変数名の定義

%==========DATA INPUT===========
L = 4;                          ←質点系の階数
dt = 0.02;                      ←サンプリングピッチ（ 時間間隔 ）
load data.txt;                  ←データの読み込み
u = data(:,1);                  ←入力加速度データ
yr = data(:,2:5);               ←各階の変位観測値
n = max(size(u));
t=[1:n]*dt;
m = [110 130 100 50]';          ←各階の質量
Real_k = 1.0e+05 *[ 1.40  2.11  1.75  1.40]    ←各階の剛性正解値
                                               （この値は本解析では未知
                                                数であり，逆解析によって
                                                同定するのであるが，注釈
                                                のため表示している）
c = [ 690  504  753  441]';     ←各階の粘性係数

%==========BACK-ANALYSIS==========
Initial_k = 0.5*1.0e+05 *[ 1.50  2.3  1.9  1.60]        ←逆解析するパラメー
                                                         タの初期値
k = fmins('FunOpt',Initial_k);  ←図5.7.5に示す目的関数の最小化を実施．fmins
                                 は準ニュートン法により最小化を行う関数．
[f, ze] = FunOpt(k);            ←逆解析の結果，得られたパラメータ同定値を用
                                 いて，応答計算実施．
Identified_Parameter = k'       ←逆解析の結果，得られたパラメータ同定値．

%==========RESULT PLOT==========
clf;subplot(211),plot(t,u), title('Input acceralation')  ←解析結果の図化
xlabel('Time(s)'), ylabel('SA(cm/s/s)'), grid,pause
for i = 1:L;
clf;subplot(211),plot(t,ze(i,:),t,yr(:,i)), title(['Displacement at ',num2str(L-i+1),' Floor'])
xlabel('Time(s)'), ylabel('Displacement(cm)'), grid
subplot(212),plot(t,ze(L+i,:)), title(['Velocity at ',num2str(L-i+1),' Floor'])
xlabel('Time(s)'), ylabel('Velocity(cm/s)'), grid,pause
end;
```

図 5.7.4 動的線形システムの逆解析プログラムリスト 1

④　式 (5.7.5) により，応答を計算する．

　以上の計算を図 5.7.5，図 5.7.6 に示すプログラムリスト内で行っており，その部分に図中で説明を加えているので，参照されたい．

　図 5.7.3 は解析に使用する入力データである．一定時間間隔で計測された入力地震加速度（第 1 列）・各階の変位観測値（第 2～5 列）の 5 列で構成されている．図 5.7.3 のデータをテキストの書式で作成し，data.txt という名前で保存する．そして，図 5.7.4 のプログラムを実行すると，ファイル data.txt から入力データを読込み，逆解析計算が行われ，解析結果が図として出力される．

　図 5.7.4 は逆解析のプログラムである．まずはプログラムに付された解説に従って，プログラムをみていただきたい．本解析では，以上のメインプログラム・ファイルの他に，次の関数ファイルが計算に必要である．この関数ファイルの名前は FunOpt.m である．メインプログラム・ファイルをみると，その中程のところに，このファイル名が記されているのがわかる．メインプログラム・ファイルの当該部分の実行時に，この関数ファイルが呼び出され，関数内容が実行される．

　この関数の内容は次のようなものである．

```
function [f,ze] = FunOpt(k)        ←動的応答計算を行い，誤差の 2 乗和を求める
                                     サブプログラム
global dt u yr n L m c              ←メインプログラムと共有する変数の定義
M = zeros(L,L);
for i=1:L; M(i,i) = m(i); end;      ←全体質量マトリックスの作成
C = funCK(L,c);                     ←全体粘性マトリックスの作成
K = funCK(L,k);                     ←全体剛性マトリックスの作成
A = [ zeros(L,L)       eye(L)       ←状態方程式(5.7.3)の係数マトリックス A．
     −inv(M)*K   −inv(M)*C];
B = [zeros(L,1); ones(L,1)];        ←状態方程式(5.7.3)の係数マトリックス B．
[Ad,Bd] = c2d(A,B,dt);              ←連続系から離散系へのパラメータ変換
ze = zeros(2*L,1);
for j = 1:n−1;
ze(:,j+1)  = Ad*ze(:,j) + Bd*u(j);  式(5.7.5)による動的応答計算
end;
f = sum(sum((ze(1:L,:)'−yr).^2));   ←観測値と推定値の誤差の 2 乗和の計算
                                     式(5.7.10)
```

図 5.7.5　動的線形システムの逆解析プログラムリスト 2

5. 最小2乗法による逆解析

```
function CK = funCK(L,p);
CK = zeros(L,L);
CK(1,1)=p(1);
CK(1,2)=-p(1);
CK(L,L-1)=-p(L-1);
CK(L,L)=p(L-1)+p(L);
for i=2:L-1;
CK(i,i-1)=-p(i-1);
CK(i,i)=p(i-1)+p(i);
CK(i,i+1)=-p(i);
end;
```

←全体マトリックスの作成(粘性・剛性)

式(5.7.7), (5.7.8)の計算

図 5.7.6 動的線形システムの逆解析プログラムリスト3

$$目的関数\ J=\sum\{式\ (5.7.5)\ による応答値-観測値\}^2 \quad (5.7.10)$$

図 5.7.5 をみると,その内容が式(5.7.10)どおりになっていることがわかる.
また,図 5.7.4 の中で関数 funCK を用いているが,その内容は図 5.7.6 に示すとおりである.

図 5.7.7 はプログラムの実行により出力される図である.プログラムでは,各階の変位について,逆解析によるパラメータ同定値を用いて計算した応答値と観測値の両方をプロットするようになっている.しかし,図 5.7.7 では,逆解析により正解値とまったく同じパラメータ値が同定されたので,2つの曲線が重なって,1つに見えている.

図 5.7.8 も同様に,プログラムの実行により出力される図である.こちらの図は逆解析によるパラメータ同定値を用いて計算した速度の時刻歴応答である.

次に,逆解析による剛性の

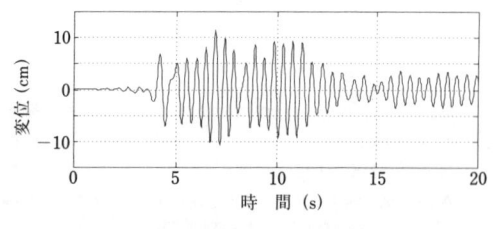

図 5.7.7 観測値と逆解析結果(4階の変位応答)

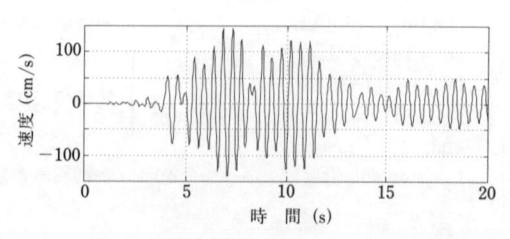

図 5.7.8 逆解析結果(4階の速度応答)

```
global  K M                    ←メインとサブで共用の変数の定義
K = ○ ; M = ○ ;  wo = ○ ;
w = fzero('fun',wo)            ←式（5.7.11）を満足するω₀を求める

function f = fun(w)            ←関数サブプログラム
global  K M                    ←メインとサブで共用の変数の定義
f = det(K−w^2*M);              ←式（5.7.11）の左辺の値
```

図 5.7.9　固有円振動数の算定プログラム・リスト

同定値を次式（3.5で前述）に代入することにより，固有円振動数 ω_0 を求めることができる．

$$|K - \omega_0^2 M| = 0 \quad (5.7.11)$$

式（5.7.11）を用いて ω_0 を求める実際の計算は次のように行う．すなわち，MATLABにより計算を行う場合，図5.7.9に示すプログラムを実行すれば，解が得られる．ただし，○印のところへは実際の値を入れ，ω_0 には求めたい値の近傍の値を入れる．

以上の逆解析法は，常時微動や加振による建築物の振動を観測し，その観測データを用いて逆解析を行い，建築物の剛性・減衰や固有周期を推定する場合などに有効である．

5.7.2　非線形解析への適用[2]

地盤や構造物が大きな変形を受けると復元力は変位に比例しなくなり，構造物の地震応答は非線形を示すようになる．このような地震時非線形応答に対する逆解析の事例を示す．

Y.K.Wen[3] の非線形モデルは構造部材の非線形応答を表すモデルとして，典型的なものであり，多様な非線形性を表現できる点に特徴がある．そこで，多質点系の構造物を対象に，このモデルを用いて作成された模擬観測データを用いて，最小2乗法による逆解析を行い，動的非線形問題への逆解析の適用性が検討された．

Y.K.Wenの非線形モデルの状態方程式（1質点系の場合）は次式で表される．

5. 最小2乗法による逆解析

$$\frac{d}{dt}\begin{bmatrix} x \\ D_y z \\ \dot{x} \end{bmatrix} = \begin{bmatrix} \dot{x} \\ A\dot{x} - \beta|\dot{x}||z|z|^{n-1} - \gamma \dot{x}|z|^n \\ -\ddot{x}_0 - (c/m)\dot{x} - \alpha(k/m)x - (1-\alpha)(k/m)D_y z \end{bmatrix} \quad (5.7.13)$$

ここに, k, c, m は弾性時剛性係数, 減衰係数, 質量, $x, \dot{x}, \ddot{x}$ は変位, 速度, 加速度, z は履歴成分, D_y は降伏変位, α は塑性剛性比, A, β, γ, n は復元力特性の形状を制御するパラメータである. また, 式中の | | という記号は絶対値を意味している.

本解析における解析モデル, および入力地震波は前述の5.7.1と同じである. 解析に先立って, 入力地震波を解析モデルの基礎部分に与え, Y.K.Wenの非線形モデルを用いて, 図5.7.1に示す4質点系の構造物(4階建ての建物を想定)の挙動がシミュレーションされた. そして, この解析の結果, 得られた各階の変位の観測値を模擬観測データとしている. 表5.7.2は模擬観測データ作成用に用いた弾塑性パラメータの値を示している.

なお, データの作成に当っては観測誤差の影響を考慮できるよう解析結果に5～20 Hzの有帯域ホワイト・ノイズを加えたものを観測データとしている. ホワイト・ノイズの分散は $\sigma = 0.01\bar{x}^2$ とする. ここに, $\bar{x}^2$ は各時刻における値 x の2乗平均である. また, 式(5.7.13)の弾塑性パラメータのうち, α, A, n については, 定数として取り扱っている.

逆解析に通常の多質点系モデルを用いるのも1つの方法である. しかし, 式(5.7.13)のような非線形挙動を取り扱う場合, 質点の数が多いと, 全パラメータの数は[式(5.7.13)に含まれるパラメータ数×階数]となり, 非常に多くなる. したがって, 1.3で前述した理由により逆解析が困難となる. そこで, その問題を

表 5.7.2 擬似観測データ用パラメータの設定値

	単位	4 F	3 F	2 F	1 F
質量 m_i	kNs²/cm	1.0×10^2	1.0×10^2	1.0×10^2	1.0×10^2
弾性時剛性 k_i	kN/cm	1.404×10^5	2.106×10^5	1.755×10^5	1.404×10^5
弾性時減衰 c_i	kNs/cm	2.094×10^2	2.094×10^2	2.094×10^2	2.094×10^2
降伏変位 D_y	cm	10.0	10.0	15.0	10.0
パラメータ β	——	0.10	0.15	0.15	0.10
パラメータ γ	——	0.90	0.85	0.85	0.90

5.7 動的解析への適用

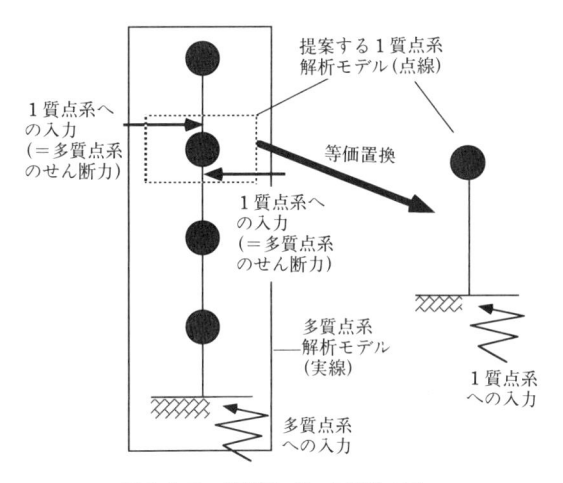

図 5.7.10 逆解析に用いた解析モデル

解決する方法として，応答計算に次の方法を用いた．

　図5.7.10は地震動を地表より受けて振動する多質点系モデルを表している．このモデルにおける任意の1質点に着目すると，その質点は1質点系の運動方程式で近似することができる振動をしている．入力はその1質点に他の質点から伝達するせん断力である．したがって，このせん断力の値と1質点系の運動方程式の係数を決定することができれば，多質点系の運動方程式を1質点系の運動方程式で近似的にシミュレーションすることができる．そして，この多質点系と等価な1質点系運動方程式の入力と係数の決定法が提案されている（詳細については文献2）参照）．

　このモデルを用いると，対象とする1つの階だけに着目して逆解析を行うことができる．したがって，取り扱うパラメータの数は1つの階の分だけとなり，大幅に少なくできる．そこで，このモデルを用いて，各階の変位を観測データとして，最小2乗法により逆解析を行った．目的関数は次のとおりである．

$$J = \sum_{j=1}^{n} (x_j - \hat{x}_j)^2 \qquad (5.7.14)$$

ここで，x_jは変位の観測値，$\hat{x}_j$は変位の推定値である．なお，初期値の設定に関して，ここでは初めに一度，等価剛性法に基づく線形モデルによりパラメータ同

5. 最小2乗法による逆解析

表 5.7.3 パラメータ同定結果

	単位	4 F	3 F	2 F	1 F
k_{ei}	kN/cm	196.5	187.7	170.3	172.5
c_{ei}	kNs/cm	0.517	0.480	1.094	0.672
p_i	—	1.351	1.127	0.862	0.400
D_y	cm	10.3	10.5	15.1	11.8
β	—	0.096	0.148	0.160	0.077
γ	—	0.869	0.813	0.793	1.159

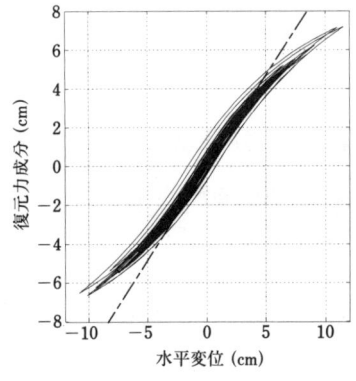

(a) 観測データ(4階-復元力成分)

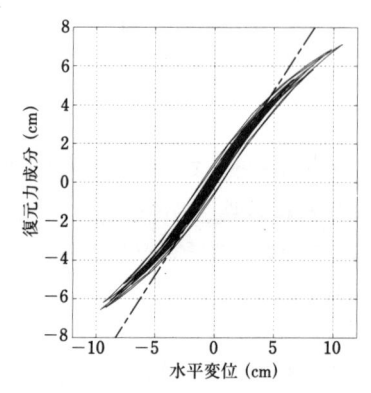

(b) 逆解析結果(4階-復元力成分)

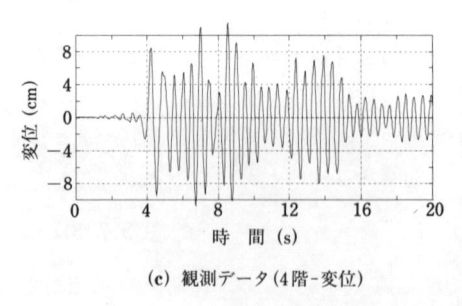

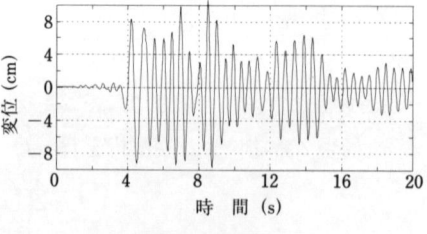

(c) 観測データ(4階-変位)

(d) 逆解析結果(4階-変位)

図 5.7.11 非線形地震動波形の観測データと逆解析結果の比較

定を行い，得られたパラメータを初期値として用いている．

表5.7.3は逆解析の結果である．弾塑性パラメータに関して与条件（表5.7.2）にほぼ近い値が同定されていることがわかる．図5.7.11はパラメータ同定値を用いて，構造物の挙動のシミュレーションを行った結果の一部（4階部分の復元力特性と水平変位）である．逆解析に基づく挙動と模擬観測データとはよく一致しており，逆解析が成功していることが確認できる．

常時微動や加振による建築物の振動を観測し，その結果に本手法を適用すれば，建築物各階の剛性・減衰に関する弾塑性パラメータ，および固有振動数を推定することができる．そこで，それらを建設直後の値と比較すれば，損傷度を定量的に把握することができる．このように，本手法は建築物の老朽化の判定や大地震直後の建築物の健全性の判定に有効であると考えられる．

文献

1) 亀山修一，姫野賢治，丸山暉彦，笠原篤：遺伝的アルゴリズムを用いた舗装体の弾性係数の逆解析，土木学会論文集，No.550, pp.195-204, 1996.
2) 脇田英治：多質点系挙動の単動変換とその動的解析への応用，日本建築学会論文集，第490号，pp.45-54, 1996.
3) Y.K.Wen: Method of Random Vibrations of Hysteretic Systems, Journal of Engineering Mechanics Division, ASCE, Vol.102, No.EM 2, April 1976.

6. ニューラルネットワークによる逆解析

6.1 ニューラルネットワークの基本概念

　原因と結果の間に因果関係の存在することはわかるが，理論式までは明らかではない．しかし，何とか原因となるものの数値を使って，結果を予測したい．このような場合に，ニューラルネットワーク(neural network)は効力を発揮する．

　このような予測を行うためのシステム構造として，ニューラルネットワークでは，図 6.1.1 に示すような階層構造の解析モデルを用いる．この解析モデルについて，まず最初に，入力と出力が既知な教師データを用いて，学習が行われる．ニューラルネットワークにおける「学習」とは，既知出力を用いた入力パラメータの逆解析に他ならない．その学習の結果，パラメータが最適な値に設定されたモデル構造が確定する．つぎに，未知の入力データを与えて，学習により確定したモデルを用いて，推定，あるいは予測を行うことができる．

　図 6.1.1 において，$P1$, S_11, … などの記号の付されている○印の部分がニューロン（神経）と呼ばれるものである．ニューロンは入力信号を受けると，反応し

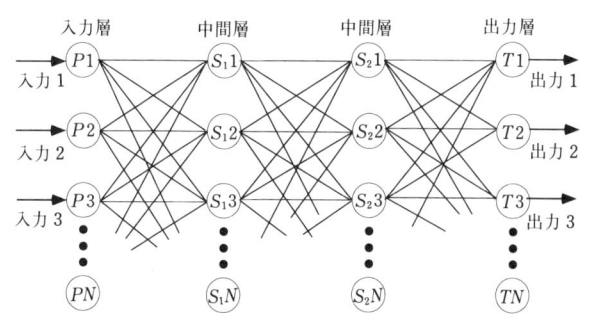

図 6.1.1　ニューラルネットワークの解析モデル

6. ニューラルネットワークによる逆解析

て出力信号を発する．その入力と出力の関係を表すものが出力関数（応答関数，伝達関数と呼称されることもある）である．図6.1.2はニューラルネットワークで用いられる代表的な出力関数を示している．予測の前段階である「学習」とは，この出力関数のパラメータの値を決定するためのプロセスである．

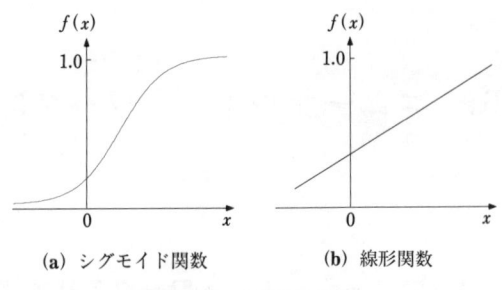

(a) シグモイド関数　(b) 線形関数

図 6.1.2　主要な出力関数

図6.1.3は土石流の発生予測[1]に用いられたニューラルネットワークの学習のフローを示している．土石流とは河川の上流部に堆積している土砂や岩が集中豪雨により水と混じり，急速に流れ出す現象である．

解析当初，図6.1.1に示すようなモデルの各層の出力関数のパラメータは意味のある値をもっていない．したがって，そのままでは土石流の発生予測には使えない．そこで，最初に入力・出力が既知な多くの土石流データを用いて，それら

図 6.1.3　学習のフロー

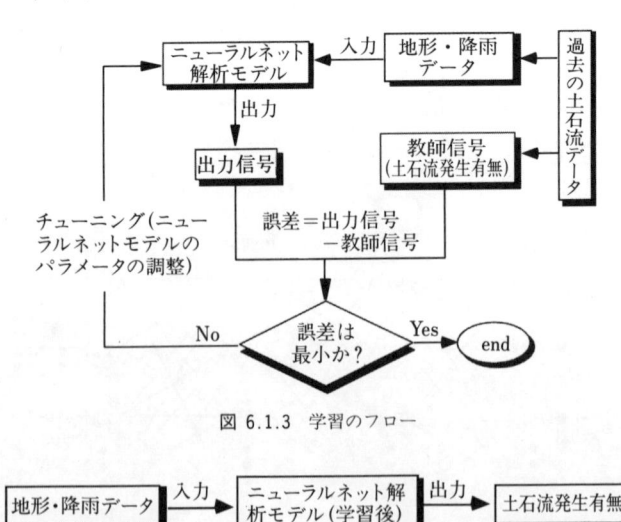

図 6.1.4　学習後モデルによる土石流の発生予測

を教師信号として学習が行われ，出力関数のパラメータが調整される．そして，誤差が評価基準を満足するようになれば，計算終了である．

以上のような学習により，パラメータが調整されれば，図6.1.4に示すように，それ以降は新しい地形・降雨データが入力された場合，ニューラルネットモデルは土石流の発生予測を出力することができる．

出力関数のパラメータの値については，以上のように学習により決定することができる．しかし，階層構造を構成するニューロンの数や出力関数の種類・型，中間層の数などを学習によって決定することはできない．

階層構造がどのようになっているかは，予測結果に大きな影響を及ぼす．したがって，最適な階層構造の決定はニューラルネットワークによる逆解析にとって重要な課題である．これに対する解決策として，第8章で後述するモデル評価法が有効である．中でも，8.1に示すAICによる評価法を適用すると，多くの階層構造モデルの中から最適なものがどれであるかを特定することができる．後述する8.1.2に中間層のニューロンの最適数をAICより評価した例を示している．

6.2 出力関数

ニューロンは入力信号を受けると，反応して出力信号を発する．その入力と出力の関係を表すものが出力関数である．ニューラルネットワークで用いられる代表的な出力関数であるシグモイド関数 (sigmoid function) は次式で与えられる．

$$f(x) = \frac{1}{1+\exp(-\alpha x+\beta)} \quad (6.2.1)$$

ここに，α, β はパラメータである．図6.2.1はこれらのパラメータのうち，α の影響を表している．すなわち，α を小さくとると，関数は0から1へ緩やかに変化する．それに対して，α を大きくとると，関数は $x=0$ 付近で急激な変化を示す．

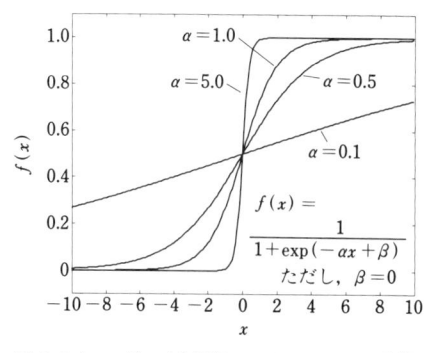

図 6.2.1 シグモイド関数のパラメータ α の影響

6. ニューラルネットワークによる逆解析

一方,図6.2.2はパラメータ β の影響を表している.すなわち,β を変化させると,関数の形は変化せず,水平方向に単純にスライドする.

このように,シグモイド関数を用いると,さまざまな特性を表すことができる.ニューラルネットワークにおける教師信号を用いた学習とは,このようにパラメータを変化させて,観測値と推定値の誤差が最小となるような,パラメータの組み合せを見つけ出すプロセスである.

ニューラルネットワークは階層構造の多くのニューロンから構成されている.図6.2.3はその中の1つのニューロンを表している.図に示すように,ニューロン j はその前に結合する多くのニューロン i からの信号を

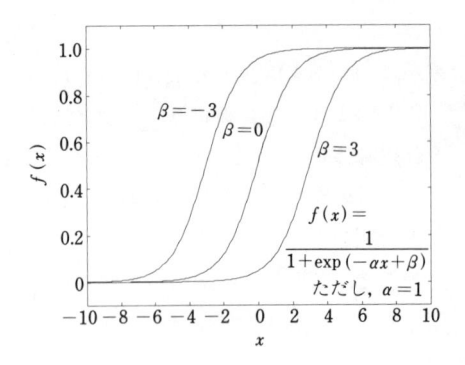

図 6.2.2 シグモイド関数のパラメータ β の影響

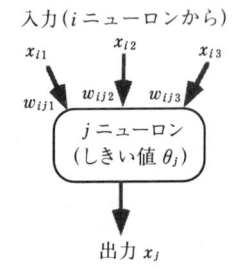

図 6.2.3 ニューロンへの入力と出力

受けて反応し,信号を出力する.その関係を式で表すと次のとおりである.

$$x_j = f_j(\sum_i w_{ij} x_i - \theta_j) \tag{6.2.2}$$

ここに,x_j は j ニューロンから発生する信号,x_i は i ニューロンから j ニューロンへ伝達する信号,f_j は出力関数,w_{ij} は重み係数,θ_j はしきい値である.

式 (6.2.2) をシグモイド関数 (式 (6.2.1)) の場合について,具体的に書き表すと,次のようになる.

$$x_j = \frac{1}{1 + \exp(-\sum w_{ij} x_i + \theta_j)} \tag{6.2.3}$$

これをさらにマトリックスを用いて書き表すと次のようになる.

$$u_j = [w_{1j}\ w_{2j}\ \cdots\ w_{nj}\ \theta_j][x_1\ x_2\ \cdots\ x_n\ 1]^T \tag{6.2.4}$$

$$x_j = \frac{1}{1 + \exp(-u_j)} \tag{6.2.5}$$

コンピュータ・プログラム上では出力関数の応答計算は式 (6.2.4), 式 (6.2.5) を用いて行われる.

式 (6.2.2) からの出力 x_j はそれと結合する次のニューロン k への入力となって, ふたたび式 (6.2.2) と同様な出力信号を発生する. 式 (6.2.6) はニューロン k における出力を $[k \to j \to i]$ と遡って, ニューロン i の出力を用いて表している.

$$x_k = f_k(\sum_j w_{jk}x_j - \theta_k)$$
$$= f_k\{\sum_j w_{jk}f_j(\sum_i w_{ij}x_i - \theta_j) - \theta_k\} \tag{6.2.6}$$

このようにして信号が次々と多くのニューロンの間を伝達し, 最終的にニューラルネットワークからの出力信号となる.

6.3 バックプロパゲーション法

バックプロパゲーション (back-propagation) 法は 1980 年代に Rumelhart ら[2]によって提案された方法であり, 現在もニューラルネットワークのパラメータ同定法として, 広く用いられている.

ニューロン k が図 6.1.1 に示した階層構造の最終層である場合を想定し, ニューラルネットワークからの出力信号を x_k と表す. そして, それに対応する教師データ (観測値) を T_k とすると, 出力誤差は次式で表される.

$$e = \frac{1}{2}\sum(x_k - T_k)^2 \tag{6.3.1}$$

バックプロパゲーション法は式 (6.3.1) がミニマムになるように, 各層のパラメータ w_{ij} と θ_j の最適値を求める操作である. 前述した最小 2 乗法による逆解析の場合も, 式 (6.3.1) に相当する目的関数を最小化して, パラメータを同定するものであった. つまり, バックプロパゲーション法と最小 2 乗法による逆解析との間に大差はない.

バックプロパゲーション法では, 式 (6.3.1) を最小化する方法として, 以下に述べるような最急勾配法が用いられることが多い. 最急勾配法による計算は w_{ij} と θ_j の値を徐々に変化させながら, 繰り返し行われる. その際, 次式により次ステップ用の w_{ij} と θ_j が計算される.

6. ニューラルネットワークによる逆解析

$$\Delta w_{ij} = -\mu \frac{\partial e}{\partial w_{ij}} \quad (6.3.2)$$

$$\Delta \theta_j = -\mu \frac{\partial e}{\partial w_{ij}} \quad (6.3.3)$$

ここに，Δw_{ij} は重み係数の変化量，$\Delta \theta_j$ はしきい値の変化量，μ は学習比，$\frac{\partial e}{\partial w_{ij}}$ は出力誤差 e（式 (6.3.1)）の変化勾配である．そして，これら，Δw_{ij}, $\Delta \theta_j$ の値を用いて，次式により，ステップ $L-1$ のパラメータ値はステップ L 用の値へ更新される．

$$w_{ij}^{(L)} = w_{ij}^{(L-1)} + \Delta w_{ij}^{(L)} \quad (6.3.4)$$

$$\theta_j^{(L)} = \theta_j^{(L-1)} + \Delta \theta_j^{(L)} \quad (6.3.5)$$

式 (6.3.2)，式 (6.3.3) における学習比 μ は適切な値を設定する必要がある．バックプロパゲーションによるニューラルネットワークの学習において，学習比 μ を大きく取りすぎると，学習が不安定になる．つまり，1ステップの移動距離が大きすぎるために，最適解を飛びこえてしまい，収束しないという問題を生じる．

逆に，学習比を小さくとると，学習に多くの時間を要する．とくに，非線形な出力関数を多く含むネットワークでは，解曲面が複雑になるためこの傾向が顕著である．

この問題を解決するためには，学習法の改善と効率的な最適化手法の選択が有効である．このうち，学習法に関しては，「慣性法」[3] などの方法が知られている．

解曲面にはさざ波のような凹凸がある場合，解析の途中でその凹部に止まってしまい，それ以上解析が進行しないということがある．このような事態を打開するのに，慣性法は有効である．慣性法による場合，重み係数は次式により更新される．

$$\Delta w_{ij}^{(L)} = m \Delta w_{ij}^{(L-1)} + (1-m)\left(-\mu \frac{\partial e}{\partial w_{ij}^{(L)}}\right) \quad (6.3.6)$$

ここに，$\Delta w_{ij}^{(L)}$ はステップ L 用の重み係数の変化量であり，m は $[0 < m < 1]$ の範囲に設定される係数である．つまり，慣性法は1ステップ前の重み係数の変化量と通常の方法で新しく計算される重み係数の変化量の中間に，次のステップ用の重み係数の変化量を設定する方法である．

また，局所解から脱出するために，最適化手法を替えるのが有効な場合がある．

ニューラルネットワークにおける最適化には「最急降下法」の他に「準ニュートン法」や「Levenberg-Marqurdt法」などが用いられる．これらのうち，どの方法が最適であるかは，解析対象の問題に依存する．一般的な最適化手法で妥当な解が得られない場合には，他の最適化手法に替えて試行錯誤的な検討が必要である．

6.4 解析例とプログラム

豪雨によるのり面崩壊の発生予測はニューラルネットワークの典型的な応用例の1つである．ニューラルネットワークによる土石流の発生予測法が荒木・古川ら[1]により提案されている．ここではそれを参考に，豪雨によるのり面崩壊の発生予測を例題として取り上げ，解析例とプログラムを示す．

のり面崩壊に影響する要因としては，降雨要因の他，地質・地形的要因などがある．しかし，それらの要因を全部取り上げた事例を扱うと解析が複雑になり，例題としては好ましくない．そこで，ここではのり面崩壊に影響する要因を「時間雨量」と「実効雨量」の2つに限定する．

「時間雨量」とは1時間当りの雨量である．また，「実効雨量」とは累積雨量の一種である．累積雨量という場合，継続時間が問題である．たとえば，累積雨量

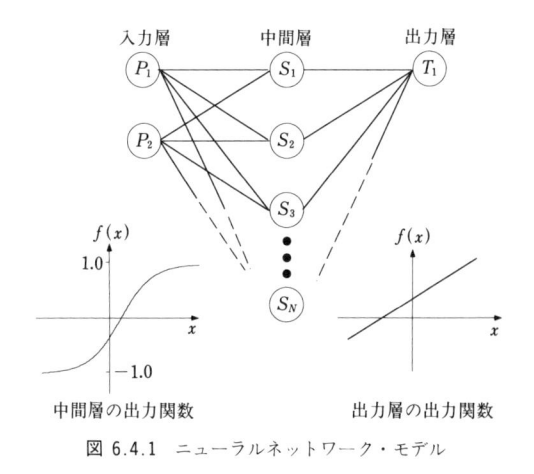

図 6.4.1 ニューラルネットワーク・モデル

6. ニューラルネットワークによる逆解析

300 mmといっても，それが1日でもたらされたものと，1箇月でもたらされたものとでは，大違いである．それに対して，「実効雨量」を用いれば，そのような問題は解消される．すなわち，「実効雨量」では24時間前の雨は0.5倍して加えるという具合に，遠い過去に降った雨ほどより小さな割合で評価される．

そこで，入力1を「時間雨量」，入力2を「実効雨量」とする．そして，出力を「崩壊の有無」に設定する．図6.4.1は本解析のニューラルネットワーク・モデルを示している．

図6.4.2は入力データである．過去に発生した事例を調査することにより，このようなデータを作成することができる．なお，3列目の崩壊の有無は崩壊発生が[1]，崩壊非発生が[0]である．

図6.4.3のプログラムを実行すると，図6.4.2の入力データ(ファイル名：data.txt)を教師信号として，ニューラルネットワークにより崩壊判定の学習が実施される．学習の結果，パラメータの値がnet.matという名前のファイルに格納される．それと同時に，解の推定精度がチェックされる．

[入力1] 時間雨量	[入力2] 実効雨量	[出力] 崩壊の有無
1.0000000e+01	2.3000000e+02	0.0000000e+00
2.0000000e+01	3.0000000e+02	1.0000000e+00
4.8000000e+01	1.4300000e+02	0.0000000e+00
5.0000000e+01	2.9000000e+02	1.0000000e+00
6.0000000e+01	2.6000000e+02	1.0000000e+00
3.0000000e+01	2.8900000e+02	1.0000000e+00
1.9000000e+01	2.8800000e+02	1.0000000e+00
6.1000000e+01	2.8200000e+02	1.0000000e+00
1.0000000e+01	2.7900000e+02	1.0000000e+00
5.2000000e+01	1.4300000e+02	0.0000000e+00
4.0000000e+01	2.8000000e+02	1.0000000e+00
1.0000000e+01	2.8000000e+02	・・・・・・
4.9000000e+01	2.6900000e+02	・・・・・・
8.0000000e+01	・・・・・・	・・・・・・
(以後，省略)		

図6.4.2　入力データ

6.4 解析例とプログラム

```
%*************************
%Back-analysis by Nural Network
%*************************
clear;

%======DATA INPUT=======
load data.txt;                          ←データの読み込み
tmax = max(size(data));
P = zeros(2,tmax);                      ←入力層のニューロン数を2に設定
T = zeros(1,tmax);                      ←出力層のニューロン数を1に設定
P(1,:) = data(:,1)';                    ←入力1
P(2,:) = data(:,2)';                    ←入力2       }変数値のセット
T(1,:) = data(:,3)';                    ←出力
S1 = 2;                                 ←中間層のニューロンの数を 2 に設定
df = 10;                                ←収束状況の画面表示のピッチ設定
me = 200;                               ←繰り返し計算回数の設定
eg = 0.001;                             ←目標誤差の設定

%========TRAINING PROCESS=======
PR= [ min(P(1,:)) max(P(1,:)); min(P(2,:)) max(P(2,:))]   ←入力データの値の範囲
net = newff(PR,[S1 size(T,1)],{'tansig','purelin'},'trainlm','','sse');   ←学習
net.trainParam.show = df;
net.trainParam.epochs = me;             出力層の出力関数を線形型に設定
net.trainParam.goal = eg;               中間層の出力関数をシグモイド型に設定
net = train(net,P,T);                   （図6.4.1参照）
save net net                            ←学習によって得られた知識の保存

%======RESULT CHECK & PLOT========
a1 = sim(net,P);
Result = T(1,:) ./ a1;     ←「与条件の出力値」を「学習後の出力値」で割った値
pause, clf,plot(Result ,Result ,'o');  ←推定精度のチェック図作成
axis([0.95 1.05 0.95 1.05])            （Result の値のプロット）
xlabel('Sa / Se'); ylabel('Sa / Se'),                              }コメント表示
gtext(['Sa / Se : Given Target Value  /  Simulated Target Value'] );
```

図 6.4.3 ニューラルネットワークによる逆解析（同定）のプログラムリスト

6. ニューラルネットワークによる逆解析

図6.4.4は図6.4.3のプログラムを実行すると，出力される図である．この図からニューラルネットワークの解が収束する様子がわかる．その結果，収束の状態が好ましくない場合には，繰り返し回数の上限値や目標誤差値の値を設定し直し，図6.4.3のプログラムを再実行する必要がある．

図6.4.5は同様に図6.4.3のプログラムを実行すると出力される図であり，与条件の出力値を学習後の出力値で割った値を求め，それをプロットしたものである．完全に与条件と同じものが推定されていれば，すべての点は1となる．図6.4.5

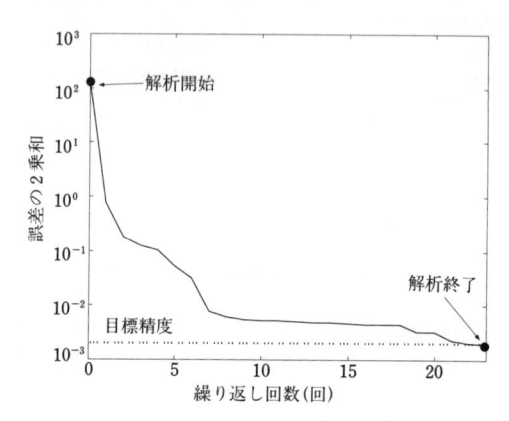

図 6.4.4 ニューラルネットワークによる逆解析の結果 (1)

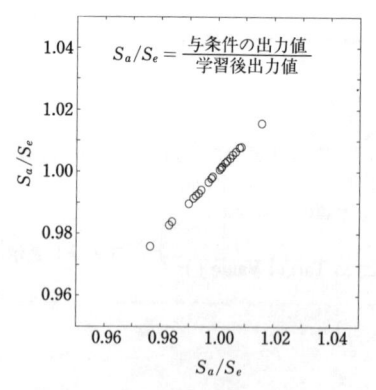

$$S_a/S_e = \frac{与条件の出力値}{学習後出力値}$$

図 6.4.5 ニューラルネットワークによる逆解析の結果 (2)

[入力1] 時間雨量	[入力2] 実効雨量
1.0000000e+01	2.3000000e+02
2.0000000e+01	3.0000000e+02
4.8000000e+01	1.4300000e+02
5.0000000e+01	2.9000000e+02
6.0000000e+01	2.6000000e+02
3.0000000e+01	2.8900000e+02
1.9000000e+01	2.8800000e+02
6.1000000e+01	2.8200000e+02
1.0000000e+01	2.7900000e+02
・・・・・・	
（以下，省略）	

図 6.4.6 予測用データ

6.4 解析例とプログラム

によると，すべての点が1ではないが，1の付近に集中しており，学習が成功したことが確認できる．

以上で学習は終了したので，つぎに任意の入力に対して，崩壊の発生の有無を予測することができる．図6.4.6はそのための入力データである．

図6.4.7のプログラムを実行すると，図6.4.3のプログラムによる学習により得られた知識を用いて，新たな任意の入力データ（ファイル名：Pdata.txt, 図6.4.6）に対して，予測値（崩壊の発生の有無）を出力する．ただし，図6.4.2に示した入力データでは，崩壊発生の有無を0または1の離散値で与えたが，ここでの出力は連続値である．したがって，たとえば，0.7というような出力値は，便宜的に崩壊の発生確率70％と解釈できる．

図6.4.8のプログラムを実行すると，図6.4.3のプログラムによる学習により得られた知識を3次元空間に表現することができる．すなわち，入力の1つをX軸に，別の入力の1つをY軸にとって，Z軸方向に解（この例の場合には崩壊の有無）をプロットする．図6.4.9はこのようにして作図された法面崩壊確率の3次

```
%****************************
%Simulation by using Neural Network
%****************************
clear;

%=======DATA INPUT=======
load Pdata.txt;              ←予測用データの読み込み
load net;                    ←学習済み知識の読み込み
tmax = max(size(Pdata));     ←データ数
P = zeros(2,tmax); T = zeros(1,tmax);    変数値のセット
P(1,:) = Pdata(:,1)';        ←入力1
P(2,:) = Pdata(:,2)';        ←入力2


%=======SIMULATION=======
Tp = sim(net,P);             ←学習済み知識による予測

%=======OUTPUT=======
Name = 'Factor 1    Factor 2    Estimated T-value'
Predict_Result = [Pdata(:,1) Pdata(:,2) Tp(1,:)']    ←解析結果の出力
```

図 6.4.7 ニューラルネットワークによる予測のプログラムリスト

6. ニューラルネットワークによる逆解析

```
%***********************
%3 Dimentional Plot of Result
%***********************
clear;

%=======DATA INPUT=======
load data.txt;                ←入力データ(図6.4.2)の読み込み
load net;                     ←学習済み知識の読み込み
tmax = max(size(data));   ←データ数  ⎫
P = zeros(2,tmax); T = zeros(1,tmax);  ⎬ 変数値のセット
P(1,:) = data(:,1)';          ←入力1
P(2,:) = data(:,2)';          ←入力2
T(1,:) = data(:,3)';          ←出力

%======CALCULATION OF 3D VALUES======
for j = 1:20;
  for k = 1:20;                                            ⎫ 3次元空間上にプロッ
    Pn1 = min(P(1,:)) + j*(max(P(1,:)) − min(P(1,:)))/20;  ⎬ トするために必要な入
    Pn2 = min(P(2,:)) + k*(max(P(2,:)) − min(P(2,:)))/20;  ⎭ 力の座標値の計算
    Pn = [Pn1;Pn2];
    Tn(j,k) = sim(net,Pn);    ←学習済み知識による推定
  end;
end;

%=======RESULT PLOT=======
for j = 1:20;
  Kn1(j,1) = min(P(1,:)) + j*(max(P(1,:)) − min(P(1,:)))/20; ⎫ 軸目盛りの値の計算
  Kn2(j,1) = min(P(2,:)) + j*(max(P(2,:)) − min(P(2,:)))/20; ⎭
end;
clf, surf(Kn1(:,1),Kn2(:,1),Tn),        ←3次元グラフの作図
xlabel('Factor 1'),ylabel('Factor 2'),zlabel('Provability')
```

図 6.4.8　学習結果の3次元表示のプログラム・リスト

元曲面である．

　図6.4.9によると，崩壊と非崩壊の境界部分は0から1へなだらかに変化している．この部分における，たとえば0.7という出力は，便宜的に崩壊の発生確率70％と解釈できる．しかし，利用目的によっては，崩壊と非崩壊の判別をより明確にしたい場合もある．つまり，0から1への遷移領域をつくらず，「崩壊クラス」

6.4 解析例とプログラム

はすべて 1,「非崩壊クラス」はすべて 0 という具合に判定・処理したいケースである．とくに，クラスが 3 つ以上の場合には，解析の結果がどのクラスに属するのか判定するのは困難であり，このような必要性は高くなる．

このようなニーズに対しては，出力層の数を分類クラス数に設定することによって，対処できる．具体的には，図 6.4.10 に示すように，プログラムリストを修正することにより，ニューラルネットワークを［確率表示型→パターン分類型］に変換できる．図 6.4.10 の下線部が修正箇所である．すなわち，出力マトリックス T の要素数を 2 に変更して，「崩壊」を $T=[1\ 0]^T$,「非崩壊」を $T=[0\ 1]^T$ と表している．

図 6.4.10 にニューラルネットワークによる学習部分のプログラムの修正箇所を示したが，図 6.4.7 のシミュレーション・プログラムについても図 6.4.11 に下線で示すような修正が必要である．すなわち，学習済み知識を用いてシミューレーションした結果を競合伝達関数（compet）に渡し，クラス分けされた出力を値 a として取り出している．競合伝達関数（compet）とは

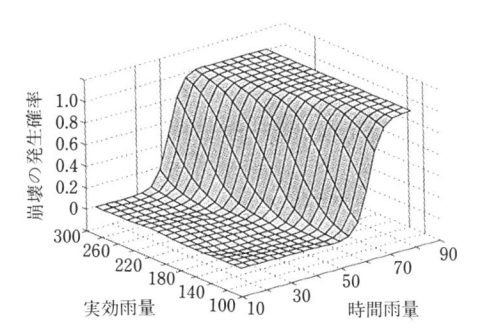

図 6.4.9 ニューラルネットワークによる学習の結果（法面崩壊確率の 3 次元曲面）

```
%======DATA INPUT=======
load data.txt;              ←データの読み込み
tmax = max(size(data));
P = zeros(2,tmax);          ←入力層の数を 2 に設定
T = zeros(2,tmax);          ←出力層の数を 2 に設定
P(1,:) = data(:,1)';
P(2,:) = data(:,2)';                変数値のセット
T(1,find(~data(:,3)))=1;              この部分が図 6.4.3 では
T(2,find(data(:,3)))=1;               「T(1,:) = data(:,3)';」
```

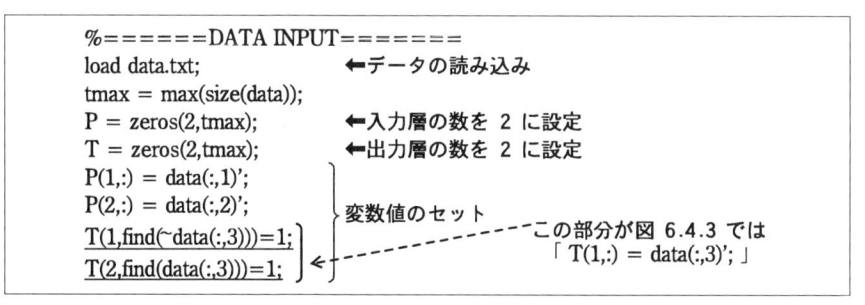

図 6.4.10 パターン分類型にするためのプログラムの修正箇所 (1)

6. ニューラルネットワークによる逆解析

```
%======CALCULATION OF 3D VALUES======
for j = 1:20;
  for k = 1:20;
    Pn1 = min(P(1,:)) + j*(max(P(1,:)) − min(P(1,:)))/20;     ⎫ 3次元空間上に表示する
    Pn2 = min(P(2,:)) + k*(max(P(2,:)) − min(P(2,:)))/20;     ⎬ ために必要な入力の座標
    Pn = [Pn1;Pn2];                                           ⎭ 値の計算
    a = compet(sim(net,P));         ←学習済み知識による推定
    Tn(j,k) = a;
  end;
end;
```

図 6.4.11　パターン分類型にするためのプログラムの修正箇所 (2)

0~1の範囲の値をもつ入力を受け入れ，それらを [1] か [0] に仕分ける関数である．つまり，$0.8 \to 1.0$，$0.2 \to 0.0$ という具合に変換され，処理前に0~1の範囲にあった数列が，変換後0と1だけの数列となる．

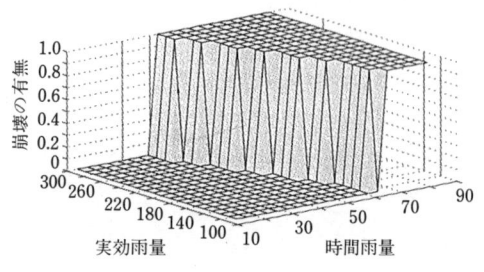

図 6.4.12　パターン分類型解析の結果

図6.4.12はこのようにして修正したパターン分類型プログラムによる出力結果である．図6.4.9と比べて，崩壊・非崩壊の境界部分が明確になっている様子がわかる．

文献

1) 荒木義則，古川浩平，松井範明，大木戸孝也，石川芳治，水山高久：ニューラルネットワークを用いた土石流危険渓流における土砂崩壊のリアルタイム発生予測に関する研究，土木学会論文集，No.581, pp.107-121, 1997.
2) D.E.Rumelhart, G.E.Hinton and R.J.Williams：Learning internal representations by error propagation. In：D.E.Rumelhart, J.L.McClelland and the PDP research group eds.：Parallel Distributed Processing：Explorations in the Microstructure of Cognition, MIT Press, 1986.
3) D.E.Rumelhart, G.E.Hinton and R.J.Williams：Learning representations by back-propagating errors, Nature, 323 (9), pp.533-536, 1986.

7. ニューロ・ファジィによる逆解析

7.1 ファジィ推論について

　「中年の一日のカロリー摂取量は中程度でよい」という言葉は，数値的には曖昧である．しかし，現実の世界では，このように曖昧なことはいくらでもある．ファジィ推論では，このような曖昧さを数学的に取り扱って，推論が行われる．ファジィ推論では，たとえば，「中年」と「中程度カロリー摂取量」という概念を図7.1.1のような分布形（メンバーシップ関数）で表す．これらのメンバーシップ関数の形状はアンケート調査結果を集計するなどの方法により作成される．

　図7.1.1のような関係は「ルール」と呼ばれる．それに対して，「中年」とは少し違う概念，たとえば「55歳ぐらい」という概念があり，ルールに基づいて，それに対する結論を導きたい場合，図7.1.2のように行われる．

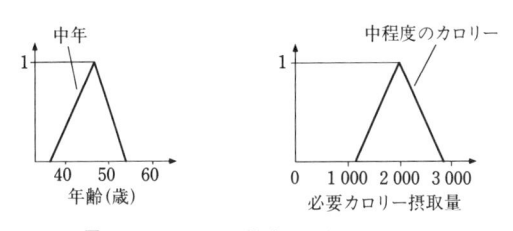

図 7.1.1　ファジィ推論におけるルールの例

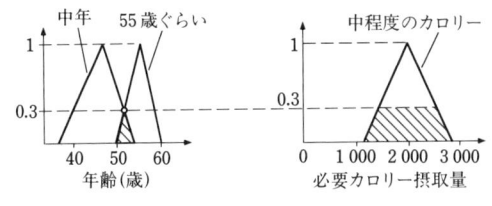

図 7.1.2　ルール1によるファジィ推論

7. ニューロ・ファジィによる逆解析

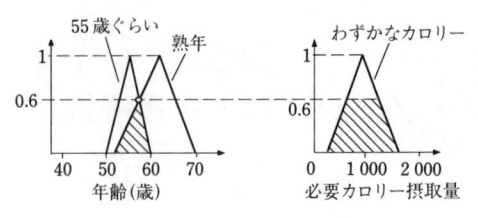

図 7.1.3 ルール2によるファジィ推論

すなわち，ルールの前半部（中年）の図の中に「事実」(55歳ぐらい)を書き入れる．そして，重なる部分を求めると，左図の斜線部となる．その斜線部のピークを通る線をルールの後半部（中程度のカロリー）の図まで延長する．そして，その線とメンバーシップ関数で囲まれた下側の部分を求めると，右図の斜線部となる．この斜線部がこの推論に対する結論である．

ルールは1つではなく，事実(55歳ぐらい)に関係するルールが他にもあり，全体として，ファジィ推論を行うための条件が次のとおりであるとする．

- ルール1……中年は中程度のカロリー摂取が必要
- ルール2……熟年はわずかなカロリー摂取でよい
- 事　　実……55歳ぐらいとは図に示す年齢分布である

求めたい解……55歳ぐらいの人の最適カロリー摂取量

まず，図7.1.3に示すようにルール2についても，ルール1と同様に推論を行う．

図7.1.2の斜線部と図7.1.3の斜線部を合成したものが，図7.1.4の斜線部である．図7.1.4の斜線部の面積を2等分する鉛直線を引く．この鉛直線の位置が求める解である．3つ以上のルールがある場合も同様であり，各ルールの結論である斜線部を合成し，全面積の2等分線位置が解となる．

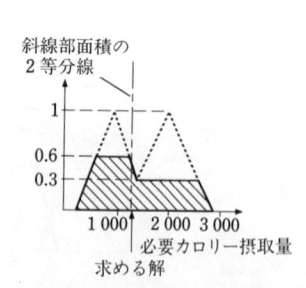

図 7.1.4 ファジィ推論の解

以上が一般的なファジィ推論の例である．

7.2 ニューロ・ファジィの基本概念

前述したように，ファジィ推論には，確定的な数値で取り扱うことが困難なデータを曖昧な形のまま取り扱うことができるという利点がある．その反面，ファジィ推論を行うためには，専門家の知識，あるいはアンケート調査結果に基づいて設定したメンバーシップ関数が必要である．しかし，多くの実問題について，このような方法により精度の高いメンバーシップ関数を作成することは困難である．また，環境が変化したとき，それに対応してすばやくメンバーシップ関数を修正するのも難しい．

これに対して，ニューラルネットワークは流動的な環境変化に対して，すばやく対応できるというメリットがある．反面，入力データは確定的な数値であり，この点が欠点である．

このように，両手法とも，長所と欠点を併せもっているが，相互の長所を活かし，欠点をカバーするために考えられるのが，両者の融合である．過去に提案されたニューラルネットワークとファジィの融合の形態は多岐にわたる．それらのうち，逆解析に適しているのは，ここで取り上げる「ニューロ・ファジィ」であると考えられる．

ニューラルネットワークの場合には，観測データを用いて，試行錯誤により解析モデルである階層構造を構成する出力関数のパラメータの学習が行われる．それに対して，ニューロ・ファジィの場合には，出力関数に代り，メンバーシップ関数を用いて，メンバーシップ関数の形状を決定するパラメータの学習が行われる．

通常のファジィ推論の場合，メンバーシップ関数の特性は設計者自身が決定しなければならないのであるが，ニューロ・ファジィの場合には，設計者が決定する代りに，観測データを用いて，メンバーシップ関数のパラメータ値が逆解析される．

図7.2.1はニューロ・ファジィによる逆解析のフローを示している．

図7.2.2はニューロ・ファジィで用いられる主なメンバーシップ関数を表して

7. ニューロ・ファジィによる逆解析

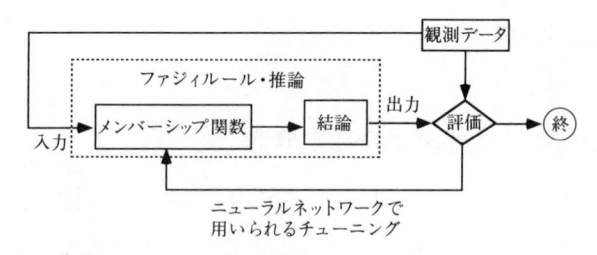

図 7.2.1 ニューロ・ファジィによる逆解析のフロー

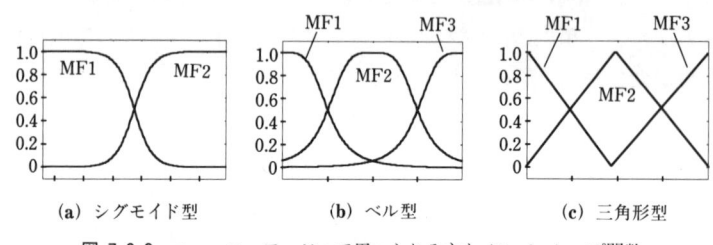

図 7.2.2 ニューロ・ファジィで用いられる主なメンバーシップ関数

いる．図の左から，シグモイド型，ベル型，三角形型のメンバーシップ関数である．この他にも，台形型，ガウス曲線型などがしばしば用いられる．

以上のように，メンバーシップ関数を用いることにより曖昧さを取り扱うことができ，かつ，逆解析によりメンバーシップ関数のパラメータを推定することができる．このような2つの特徴を併せもっていることが，ニューロ・ファジィの強みである．

7.3 解析アルゴリズム

一般的なファジィ推論の場合，前述の 7.1 で記述したように，入力にも出力にもメンバーシップ関数が用いられる．そして，ファジィ推論の最後の出力は図 7.1.4 に示したように，全面積の重心位置として求められる．それに対して，一般的にニューロ・ファジィでは，ファジィルールの結論部にメンバーシップ関数を用いないで，高木・菅野[1]によって提案された1次関数が用いられることが多い．図 7.3.1 は入力が2つの場合の1次関数平面を表している．

7.3 解析アルゴリズム

ニューロ・ファジィにおいても，出力にメンバーシップ関数を用いることは不可能ではないが，計算が複雑になる．逆解析では計算が繰り返し実行され，徐々に解へ近づく方法がとられるため，計算回数は非常に多い．効率よく計算を行うためには，簡略なモデルの方が適している．また，出力にメンバーシップ関数を用いれば，パラメータの数は増えるので，解を得にくくなる．結局，複雑にするメリットよりも，単純化することによるメリットの方が優る．以上のような理由により，ニューロ・ファジィでは，入力のみにメンバーシップ関数を用い，出力には1次関数が用いられる．

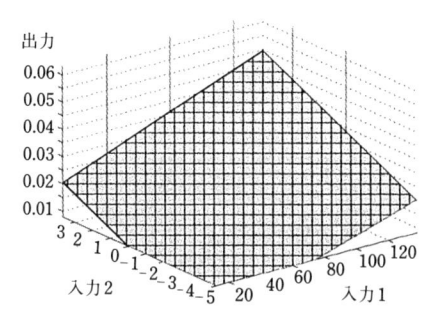

図 7.3.1 ファジィルールの結論部の関数

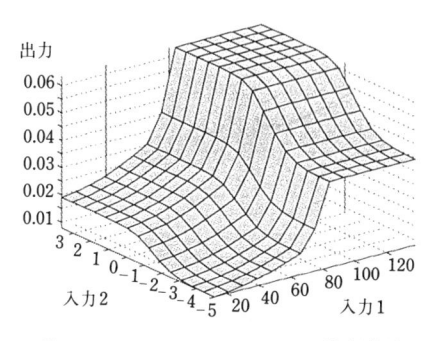

図 7.3.2 ニューロ・ファジィの逆解析結果

図 7.3.1 は入力変数が入力1と入力2の2つしかない場合の出力の平面を表している．これだけでも，逆解析は可能である．つまり，出力と観測データとの誤差が最小となるように，入力1と入力2が与えられたときの出力平面の形状を決定すればよい．ニューロ・ファジィによる逆解析も基本はこの型である．ただし，入力1と入力2をそのまま与えないで，メンバーシップ関数を介在させている．それにより，ニューロ・ファジィによる逆解析により最終的に得られるパラメータ曲面は図 7.3.1 に重み係数が掛かり，図 7.3.2 のように，凹凸のある曲面となる．

ニューロ・ファジィにもいろいろな方法があるが，ここでは MATLAB のニューロ・ファジィの基礎理論として用いられている ANFIS (Adaptive-Network-Based Fuzzy Inference System) について記述する．ANFIS は Jang[2] により提案された手法である．

7. ニューロ・ファジィによる逆解析

ANFISにおいても，ファジィ・ルールの結論部は図7.3.1に示すような1次関数である．その1次関数は入力数が2の場合，次式で表される．

$$f_1 = p_1 x + q_1 y + r_1 \tag{7.3.1}$$

$$f_2 = p_2 x + q_2 y + r_2 \tag{7.3.2}$$

ここに，p_i, q_i, r_i はパラメータ，x は入力1，y は入力2である．

これに，重み係数 w_1, w_2 を考慮して，システムの総合出力は次式で与えられる．

$$f = \frac{w_1 f_1 + w_2 f_2}{w_1 + w_2} \tag{7.3.3}$$

重み係数 w_1, w_2 は図7.3.3に点線で示すように求まる．すなわち，まず μ_{Ai}, μ_{Bi} を求め，次にそれらを用いて，次式により算定する．

$$w_i = \mu_{Ai} \mu_{Bi} \tag{7.3.4}$$

ちなみに，図7.3.3におけるベル型メンバーシップ関数は次式で表される．

$$\mu_j(x) = \frac{1}{1 + \exp\left\{\left(\dfrac{x - c_j}{a_j}\right)^{2b_j}\right\}} \tag{7.3.5}$$

ここに，a_j, b_j, c_j はパラメータである．

以上，解析の流れを逆にたどってしまったが，実際の計算は，[パラメータの設定→式 (7.3.5)→式 (7.3.4)→式 (7.3.1), 式 (7.3.2)→式 (7.3.3)] の順に行われる．図7.3.4はその解析プロセスを階層構造モデルで表している．

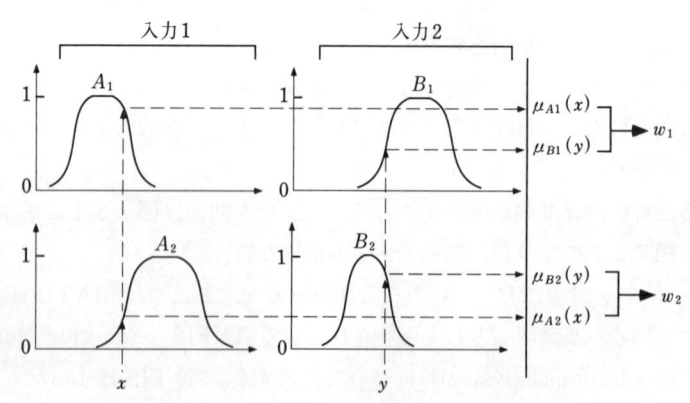

図 7.3.3　ベル型メンバーシップ関数によるファジィ推論

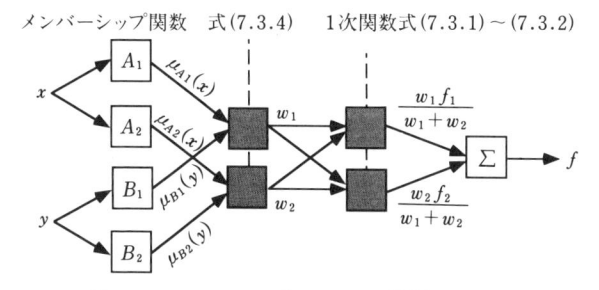

図 7.3.4　ANFIS におけるファジィ計算部のフロー

図 7.3.4 の計算の結果，得られた出力 $f_k(k=1, 2, \cdots, n)$ と，与えられた教師信号（観測データ）T_k の出力誤差は次式で与えられる．

$$e = \frac{1}{2} \sum (f_k - T_k)^2 \tag{7.3.6}$$

式 (7.3.6) がミニマムとなるように，メンバーシップ関数のパラメータ a_j, b_j, c_j とファジィルールの結論部の1次関数のパラメータ p_i, q_i, r_i の値が推定される．

7.4　解析例とプログラム

ニューロ・ファジィによるシールドマシンの自動方向制御を例題として取り上げ，解析例とプログラムを示す．

図 7.4.1 は解析の対象とするシールドマシンの方向制御の概念を表している．シールドトンネルを設計どおり掘り進むためには，シールドマシンの位置と姿勢を絶えず監視して，設計計画線をはずれないよう修正を加える必要がある．

図 7.4.1 に示すように，現在の状態（偏位量 δ，ピッチング角 θ_0）に基づいて，制御目標角 θ_p を設定し，掘削が行われる．ところが，現実に

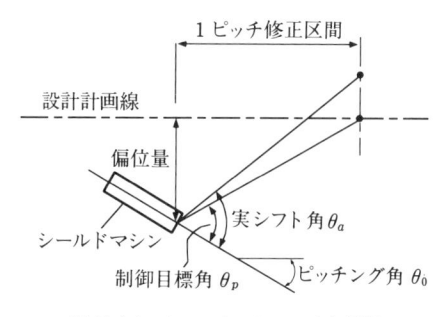

図 7.4.1　シールドマシンの方向制御

7. ニューロ・ファジィによる逆解析

[入力1] 偏位量	[入力2] ピッチング角	[入力3] 地質	[出力(教師信号)] 最適マシン制御量
8.9000000e+01	-3.7000000e+00	3.0000000e+00	1.4346000e-02
8.0000000e+01	-4.9000000e+00	3.0000000e+00	1.7830000e-02
6.4000000e+01	-4.3000000e+00	3.0000000e+00	4.2667000e-03
6.4000000e+01	-4.3000000e+00	3.0000000e+00	4.2667000e-03
6.4000000e+01	-4.3000000e+00	3.0000000e+00	4.2667000e-03
2.1000000e+01	-2.0000000e-01	3.0000000e+00	3.4209000e-02
5.7600000e+01	-4.1000000e+00	3.0000000e+00	1.3845000e-02
1.2000000e+01	-2.0000000e-01	3.0000000e+00	3.4313000e-02
2.8000000e+01	2.0000000e+00	1.0000000e+00	3.2023000e-02
4.2000000e+01	2.7000000e+00	1.0000000e+00	3.3232000e-02
6.8000000e+01	2.7000000e+00	1.0000000e+00	4.2505000e-02
2.3600000e+01	-3.4000000e+00	1.0000000e+00	9.5585000e-03
1.1800000e+02	-3.3000000e+00	1.0000000e+00	6.6631000e-02
9.4000000e+01	3.7000000e+00	1.0000000e+00	4.7917000e-02
7.2000000e+01	-5.0000000e+00	1.0000000e+00	2.1232000e-02
1.1600000e+02	-4.6000000e+00	2.0000000e+00	3.3257000e-02
4.8000000e+01	-3.9000000e+00	2.0000000e+00	1.7837000e-02
2.4000000e+01	1.5000000e+00	2.0000000e+00	・・・・・・
6.6000000e+01	-2.2000000e+00	2.0000000e+00	・・・・・・
1.3800000e+02	-4.7000000e+00	・・・	・・・・・・
1.4000000e+01	-1.2000000e+00	・・・	・・・・・・
4.6000000e+01	・・・	・・・	・・・・・・
1.3600000e+02	・・・	・・・	・・・・・・
(以後, 省略)			

図 7.4.2 入力データ

は目標どおり進まず，実シフト角 θ_a の方向へシフトする．

施工管理を手動で行う場合の実際の作業は，制御目標角 θ_p に対応するマシン制御量 C_p をオペレータが経験と勘で設定し，掘削を実施する．これに対して，ニューロ・ファジィに基づく逆解析を応用して，自動制御するためにはつぎのようにすればよい．

実際のマシン制御量は C_p であるが，実シフト角 θ_a を計測した後にわかる最適マシン制御量 C_r は次式で近似することができる．

108

7.4 解析例とプログラム

```
%************************
%Back-analysis by Neuro-Fuzzy
%************************
clear;

%======INITIAL DATA SET======
load trnData.txt;                                    ←学習用データ入力
numMFs = [2 2 3];                                    ←入力用メンバーシップ関数の数の定義
inMfType = str2mat('dsigmf','dsigmf','gbellmf');     ←入力用メンバーシップ関数の型の定義
                                                     (シグモイド関数・シグモイド関数・ベル型関数)
outMfType = str2mat('constant');                     ←出力用メンバーシップ関数に代わり，
                                                     1次関数を定義
fismat = genfis1(trnData, numMFs, inMfType,outMfType);   ←ファジィモデルの設定
subplot(2,2,1), plotmf(fismat,'input',1);        ⎫ 学習前メンバーシップ
subplot(2,2,2), plotmf(fismat,'input',2);        ⎬ 関数の図を画面表示
subplot(2,2,3), plotmf(fismat,'input',3);        ⎭
pause;


%========TRINING PROCESS=========
trnOpt(1) = 200;                                     ←繰り返し計算回数の指定
[fismat,error] = anfis( trnData,fismat,trnOpt);      ←ファジィルールの学習
save fismat fismat;                                  ←学習したルールの保存
subplot(2,2,1), plotmf(fismat,'input',1);        ⎫ 学習後メンバーシップ
subplot(2,2,2), plotmf(fismat,'input',2);        ⎬ 関数の図を画面表示
subplot(2,2,3), plotmf(fismat,'input',3);        ⎭
pause;


%=====RESULT PLOT=====
clf, plot([error]);                                  ←学習中の解の収束状況図を画面表示
pause;
gensurf(fismat);                                     ←学習後のルールを3次元表示
pause;
plotfis(fismat);                                     ←ファジィルールの構造図を画面表示
pause;
```

図 7.4.3 ニューロ・ファジィによる逆解析のプログラム

7. ニューロ・ファジィによる逆解析

$$C_r = C_p \cdot \frac{\theta_p}{\theta_a} \qquad (7.4.1)$$

そこで，この最適マシン制御量 C_r を出力（教師信号）に設定し，図7.4.2に示すように逆解析用の入力データ（ファイル名：trnData.txt）を作成することができる．図7.4.2では，偏位量 δ，ピッチング角 θ_0，地質の3要因を入力に，最適マシン制御量 C_r を出力に設定している．

図7.4.3に示すプログラムを実行すると，図7.4.2の入力データを用いて，ニューロ・ファジィによる学習を行う．学習終了後，完成したルールは fismat.mat というファイル名で保存される．

次の図7.4.4～図7.4.7は，図7.4.3のプログラムを実行すると出力される図である．それらのうち，図7.4.4は学習における学習中の解の収束状況を表している．学習を重ねるにつれて，しだいに解が収束していく様子がわかる．

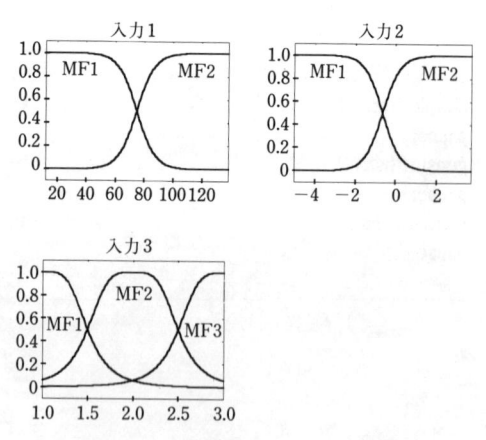

図7.4.5は学習前のメンバーシップ関数を表している．図からわかるように，本解析では，入力1（偏位量）と入力2（ピッチング角）に対して，シグモイド関数型のメンバーシップ関数を設定している．そして，入力3（地質）に対して，ベル関数型のメンバーシップ関数を設定している．このメンバーシップ関数の型の

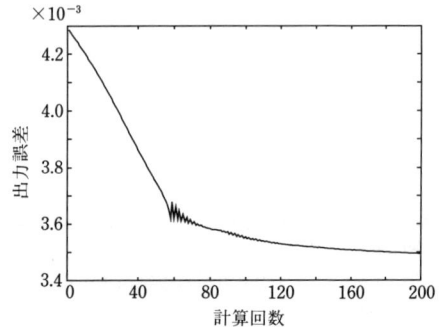

図 7.4.4 学習中の解の収束状況

図 7.4.5 学習前のメンバーシップ関数

110

7.4 解析例とプログラム

設定は図 7.4.3 に示すプログラムの中で行っており，図 7.4.3 にその箇所をコメントしている．

図 7.4.6 は学習後のメンバーシップ関数を表している．図 7.4.5 と比較すると，学習の結果，メンバーシップ関数の形が変化している様子がわかる．

図 7.4.7 は学習によって獲得されたルールを 3 次元空間上に表したものである．x 軸，y 軸に，入力 1 (偏位量) と入力 2 (ピッチング角)，z 軸 (縦軸) に出力 (最適マシン制御量) をとって図化している．3 次元表示なので，入力 3 (地質) については表示できない．入力 3 (地質) は一定値 (最初の値) が設定されている．

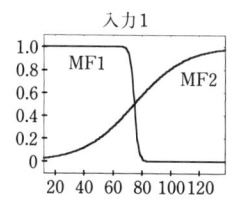

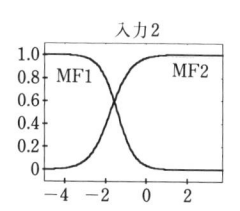

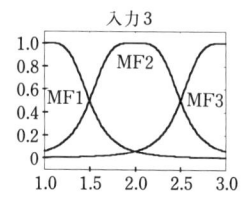

図 7.4.6 学習後のメンバーシップ関数

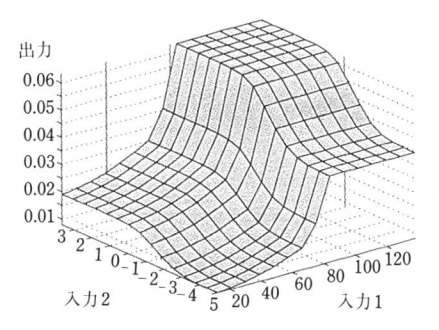

図 7.4.7 学習によって獲得したルールの 3 次元表示

以上で学習は終了したが，つぎに学習によって得られたルールを用いて，任意の入力が与えられたときに，予測を行う仕事が残っている．シールドマシンの自動方向制御においては，この予測に基づいて，つぎのマシン制御量を決定することができる．

このように［掘進→観測→逆解析→予測→掘進］を繰り返すことにより，データ量がしだいに増えるので，工事が進むにつれて予測精度を向上させることができる．

図 7.4.8 はニューロ・ファジィによる予測，およびルールの推定精度のチェック用のプログラムである．

7. ニューロ・ファジィによる逆解析

```
%***********************
%Simulation by Neuro-Fuzzy
%***********************
clear;

%======DATA INPUT======
load trnData.txt;            ←ルールチェック用(逆解析用と同
                              じ)または予測用データ読み込み
load fismat;                 ←学習後ファジィルールの読み込み

%=====SIMULATION=====
Est = evalfis([trnData(:,1) trnData(:,2) trnData(:,3)],fismat);   ←予測
                                                                 (シミュレーション)

%=====RESULT PLOT=====
t = [1:max(size(trnData))];
clf, plot(t,Est,'+',t,Est,t,trnData(:,4),'o');      ←予測結果と観測値を Y軸に,
                                                     タイムステップを X軸に採
                                                     って,プロットした図を画
                                                     面表示
ylabel('Control Amount'),xlabel('Timestep'), grid,
gtext(' + : Estimated Value '),                     }コメント出力
gtext(' o : Observed Value '),
pause;
x=[min(Est) max(Est)]; y=[min(Est) max(Est)];
plot(x,y,Est,trnData(:,4),'o'), grid,    ←予測結果(X軸)と観測値(Y軸)の比較
                                          図を画面表示
ylabel('Observed Value'),xlabel('Estimated Value');
```

図7.4.8 ニューロ・ファジィによる予測・ルールチェック用プログラム

　図7.4.8のプログラムリストは「予測」と「ルールチェック用」の両方に使用できるものであるが,図7.4.8では「ルールチェック用」の状態になっている.すなわち,入力データとして,図7.4.3に示した逆解析プログラムと同じデータ(図7.4.2)を用いている.これにより,学習による獲得ルールに基づくマシン制御量と観測値の一致度をチェックすることができる.このプログラムは予測用にも使用できるが,その場合には,当然のことながら観測値はプロットされない.
　図7.4.8のプログラムを実行すると,図7.4.9,図7.4.10が出力される.それらのうち,図7.4.9は最適マシン制御量に関する予測結果と観測値を Y 軸に,タイムステップを X 軸にとって,プロットしたものである.予測結果と観測値はよく対応しており,学習と予測が精度よく行われている様子がわかる.

7.4 解析例とプログラム

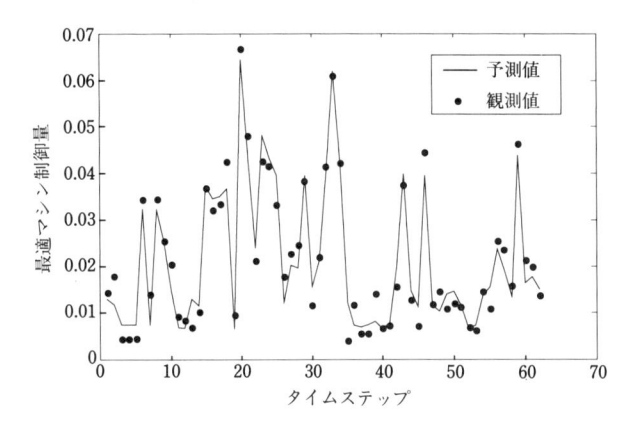

図 7.4.9 予測値と観測値の比較

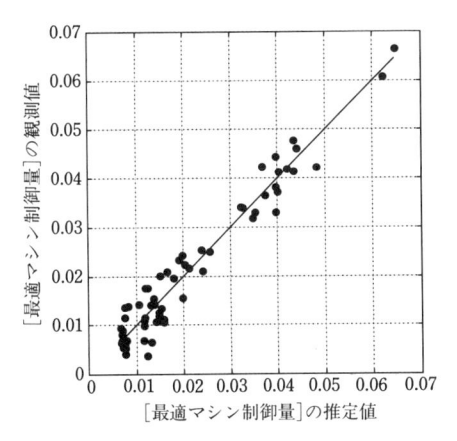

図 7.4.10 予測値と観測値の比較

一方，図 7.4.10 は最適マシン制御量に関する予測結果を X 軸に観測値を Y 軸に取ってプロットし，両者を比較したものである．この場合も，予測結果と観測値は 1 : 1 のライン付近に集中しており，学習と予測が精度よく行われている様子がわかる．

7. ニューロ・ファジィによる逆解析

文献

1) T.Takagi, M.Sugeno : Fuzzy Identification of Systems and its Applications to Modeling and Control, IEEE SMC-15, pp.116-132, 1985.
2) J.S.R. Jang : ANFIS : Adaptive-Network-Based Fuzzy Inference Systems, IEEE Trans. Systems, Man & Cybernetics, 23, pp.665-685, 1993.

8. 逆解析モデル式の良否評価法

8.1 AIC による評価法

8.1.1 AIC の基本概念とアルゴリズム

　逆解析においては，解析モデル式を設定して，解析が行われる．一般的には，設定された解析モデルは唯一正しいものではない．したがって，逆解析の実施の段階で，選択肢として，複数の解析モデル式の候補が存在する．それらのうちのどれを用いるのが最適であるのか，このような場合の評価法として，AIC（Akaike's Information Criterion；赤池情報量規準)[1]を適用することができる．

　まず，最初に AIC の基本概念について述べる．逆解析において，解析モデル式が設定された場合，つぎにパラメータの値を同定する必要がある．同定とは，多くのパラメータの組み合せの中から，最適なもの1つを選び出す作業である．パラメータの数の少ない解析モデル（甲と呼ぶ）とパラメータの数の多い解析モデル（乙と呼ぶ）を比較する．甲よりも乙の方が数多くのパラメータの組み合せをもっているので，全組み合せの中から1つが選び出されたとき，その最適性に関して，甲よりも乙の方が信頼度が低い．すなわち，同定の結果，選び出されたあるパラメータの組み合せで，観測値と推定値がよく合ったとする．しかし，別のパラメータの組み合せで観測値と推定値がもっとよく合うかもしれない．この可能性は甲よりも乙の方が高いのである．

　図8.1.1はこのことを具体例で示している．図8.1.1において，●印は観測値である．図ではこの観測値を次の2つの曲線式で近似している．

$$\text{モデル式A}：y = ax + b \tag{8.1.1}$$

$$\text{モデル式B}：y = ax^5 + bx^4 + cx^3 + dx^2 + ex + f \tag{8.1.2}$$

　図8.1.1によると，5次式の方が1次式よりもスムーズに観測点を近似している様子がわかる．このように，次数が大きいほど，すなわち，パラメータの数が多

8. 逆解析モデル式の良否評価法

いモデル式ほど，観測データをよく近似するのは当然である．しかし，観測値が観測誤差を含むとしたらどうだろう．高次式は単に観測誤差に従って，その軌跡を近似しているにすぎない．本当に近似したいのは，観測誤差を除いたシステムの真の状態量の動きである．

このような課題をクリアするモデル式の良否評価規準が AIC であり，次式で与えられる．

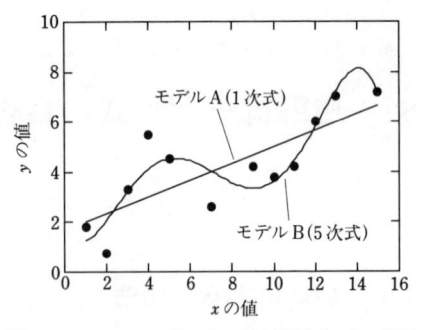

図 8.1.1　2つのモデル式による観測データの近似

$$\mathrm{AIC} = -2L_x + 2p \tag{8.1.3}$$

ここに，L_x は最大対数尤度，p はパラメータ数である．

AIC が小さいほどよいモデル式である．現在，AIC が優れた評価規準であることは，一般に広く認知されている．この式によると，モデル式の良し悪しは，基本的には最大対数尤度によって評価されている．それに，パラメータの数の影響が考慮されている．

観測値 y_j が N 個あり，それに対する解析モデル式による推定値を $f_j (j=1, 2, \cdots, N)$ とする．次式に示すように，推定値 f_j にシステムノイズ w_s が加わったものが真の状態量 $x_j (j=1, 2, \cdots, N)$ である．さらに，それに観測ノイズ w_0 を加えたものが観測値 y_j という関係にある．

$$x_j = f_j + w_s \tag{8.1.4}$$
$$y_j = x_j + w_0 \tag{8.1.5}$$

真の状態量 x_j は解析モデル式による推定値 f_j の周りに分布しており，その分布が正規分布であるとすれば，その確率密度関数は次式で表される．

$$p = \frac{1}{\sqrt{2\pi V_s}} \cdot \exp\left\{-\frac{1}{2V_s}(x_j - f_j)^2\right\} \tag{8.1.6}$$

ここに，V_s はノイズ w_s の分散である．

データは N 個あるので，モデル式に関する対数

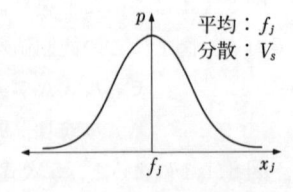

図 8.1.2　f_j の確率密度関数

尤度は N 個のデータに関する式 (8.1.6) の積の対数を取って，次式で表すことができる[2]．

$$\begin{aligned}L &= \ln\left[\left(\frac{1}{\sqrt{2\pi V_s}}\right)^N \cdot \exp\left[-\frac{1}{2V_s}\sum_{j=1}^{N}\{x_j-f_j\}^2\right]\right] \\ &= -\frac{1}{2V_s}\sum_{j=1}^{N}\{f_j-x_j\}^2 - \frac{N}{2}\ln(2\pi V_s) \\ &= -\frac{1}{2V_s}\sum_{j=1}^{N}\{f_j-y_j+y_j-x_j\}^2 - \frac{N}{2}\ln(2\pi V_s) \\ &= -\frac{1}{2V_s}\left[\sum_{j=1}^{N}\{f_j-y_j\}^2 + 2\sum_{j=1}^{N}\{f_j-y_j\}\{y_j-x_j\} + \sum_{j=1}^{N}\{y_j-x_j\}^2\right] - \frac{N}{2}\ln(2\pi V_s) \\ &= -\frac{1}{2V_s}\left[\sum_{j=1}^{N}\{f_j-y_j\}^2 + 2\sum_{j=1}^{N}w_0^2 + \sum_{j=1}^{N}w_0 w_s + \sum_{j=1}^{N}w_0^2\right] - \frac{N}{2}\ln(2\pi V_s) \\ &= -\frac{1}{2V_s}\left[3NV_0 + \sum_{j=1}^{N}\{f_j-y_j\}^2\right] - \frac{N}{2}\ln(2\pi V_s) \quad (8.1.7)\end{aligned}$$

ここに，V_0 は観測ノイズ w_0 の分散である．

式 (8.1.7) が V_s について最大となるのは，$\frac{\partial L}{\partial V_s}=0$ のときである．そこで，$\frac{\partial L}{\partial V_s}=0$ と置き，式を V_s について解くと，次式が得られる．

$$V_s = \frac{1}{N}\left[3NV_0 + \sum_{j=1}^{N}\{f_j-y_j\}^2\right] \quad (8.1.8)$$

式 (8.1.8) を式 (8.1.7) へ代入すると，次のようになる．

$$L_x = -\frac{N}{2} - \frac{N}{2}\ln\left[\frac{2\pi}{N}\left[3NV_0 + \sum_{j=1}^{N}\{f_j-y_j\}^2\right]\right] \quad (8.1.9)$$

この式がモデル式の最大対数尤度である．式 (8.1.9) で求めた最大対数尤度を式 (8.1.3) に代入することにより，AIC を求めることができる．

AIC が小さいほどよいモデル式である．観測データが与えられた場合，いくつかのモデル式を想定して AIC を求め，最小の AIC を与えるものを最良のモデル式として特定することができる．図 8.1.3 はこのプロセスを表している．

最後に，1 つ留意しておくべきことは，AIC は相対的な評価規準であり，絶対的な評価規準ではないということである．AIC の式の構造から明らかなように，データ数が変化すると，AIC の値もそれにつれて変化する．また，別の理由として，

8. 逆解析モデル式の良否評価法

現実には知り得ない真の分布に関する項が AIC の式では省かれている．

したがって，ある解析で算定された AIC の値を別の解析で算定された AIC と比較することは意味がない．2つのモデル式を比較し，どちらの方が優れているか，判定する場合にのみ，AIC は有効である．

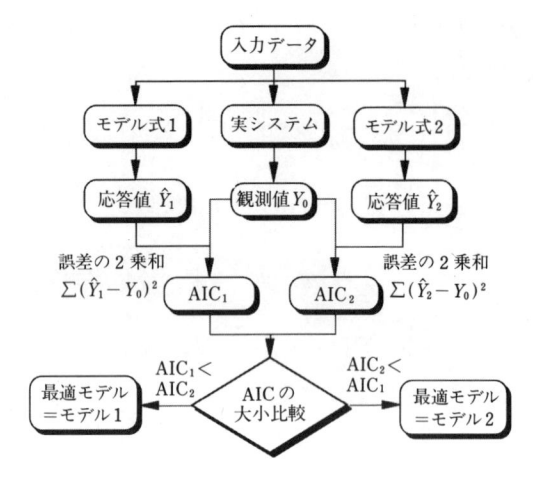

図 8.1.3 最適モデル式の判定法

8.1.2 解析例とプログラム（その1）

6.4 でニューラルネットワークによるのり面崩壊の発生予測の解析例を取り上げ，プログラムを示した．図 8.1.4 はその解析例におけるニューラルネットワーク・モデルである．

ニューラルネットワークの入力層として，「時間雨量」と「実効雨量」という2つの入力を設定し，出力を「崩壊の有無」として，1つ設定した．また，中間層のニューロン数は前述の例では，たまたま2つに設定していた．しかし，図 8.1.4 に示すように，中間層のニューロン数は2に限らず，どのような数に設定することも可能である．

ニューロン数がちょうどその数のとき，ニューラルネットワークが現実の挙動をもっとも正確に再現できる数が，中間層のニューロン数としては最適である．AIC を用いると，このような場合の最適なニューロン数を判定することができる．以下にそれを行うための入力データとプログラムを示す．

6.4 で前述した事例について，中間層の

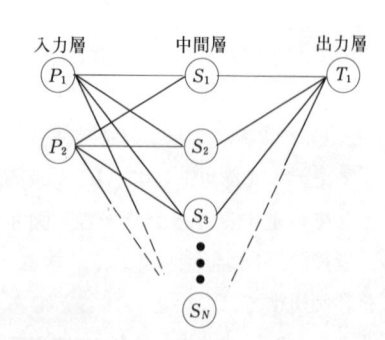

図 8.1.4 ニューラルネットワーク・モデル

8.1 AICによる評価法

ニューロン数の最適値を求めるために，次のような解析を行った．図8.1.5に示すように，6.4で使用した入力データの全体を2つの部分に分けた．そして，前半のデータをニューラルネットワークの学習に用いた．その結果得られた学習後のモデルで，後半のデータを用いて予測を行った．中間層のニューロン数 S を $S=1,2,3,4,5,6,7,10,13$ と変え，全部で9ケースの解析を行った．

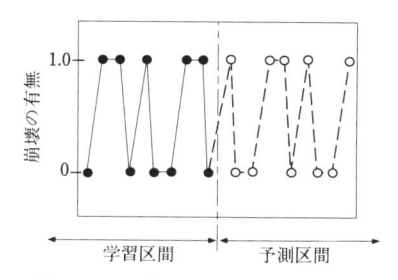

図 8.1.5 解析に用いたデータ（模式図）

このようにして得られたあるケースの［崩壊の有無］の予測値が図8.1.6の第2列に示されている．これに対して，図8.1.6の第1列は［崩壊の有無］の観測値である．図8.1.6を入力データ（ファイル名：data.txt）として，図8.1.7に示すプログラム（MATLAB）を実行すると，このケースの AIC の値が出力される．

図8.1.7のプログラムを実行すると，中間層のニューロン数を変化させた全部で9ケースのうちの1ケースについて，AICを算定することができる．1ケースの解析が終了した後，中間層のニューロンの数を考慮して，パラメータ数を次のケース用に修正し，さらに解析を継続することにより，残りのケースについても，AICを算定することができる．

崩壊の有無 観測値	崩壊の有無 予測値
0.0000000e+00	2.3355756e-03
1.0000000e+00	9.9924122e-01
0.0000000e+00	7.6740212e-03
0.0000000e+00	3.8662959e-02
0.0000000e+00	6.5896295e-03
1.0000000e+00	9.8525787e-01
0.0000000e+00	8.5888831e-05
1.0000000e+00	9.9997294e-01
0.0000000e+00	2.6649305e-02
1.0000000e+00	9.9846300e-01
0.0000000e+00	8.5888831e-05
（以後，省略）	

図 8.1.6 入力データ

図8.1.8はこのようにして得られた全ケースの AIC を，横軸に中間層のニューロン数，縦軸に AIC をとってプロットしたものである．

図8.1.8によると，この例の場合には，中間層のニューロン数が1のときがもっとも AIC の値が小さいことがわかる．つまり，ニューロン数が1のモデルが最適なモデルと判定できる．

8. 逆解析モデル式の良否評価法

```
%******************
% AIC for Single Model
%******************
clear;

%======= DATA INPUT========
R = 0.001;              ←観測誤差分散の設定
pn = 12;                ←モデル式のパラメータ数の設定
                         (中間層のニューロン数を考慮して設定)
load data.txt;          ←入力データの読み込み
N=max(size(data));      ←データ数
Yobserved = data(:,1);  ←観測値    ⎤
Ymodel = data(:,2);     ←予測値    ⎦ 変数値のセット

%=======AIC of Model=========
s1 = sum((Yobserved − Ymodel).^2);   ⎤
v1 = 2*3.141592*(3*N*R+s1) / N;      ⎥ モデルの AIC の算定
t1 = −0.5*N−0.5*N*log(v1);           ⎥ 式(8.1.3), (8.1.9)
AIC1 = −2*t1 + 2*pn                  ⎦
```

図 8.1.7 AIC 解析プログラム(単一モデル用)(同一内容の FORTRAN プログラムを CD-ROM に収録)

8.1.3 解析例とプログラム (その2)

次にもう1つ解析例を示す．この例はすでに 8.1.1 で結果を示したものである．

山留めの掘削に伴う周辺地盤の横移動が計測された．その結果，掘削が進むにつれて，周辺の地盤が横移動していることがわかった．X 軸に経過日数，Y 軸に地盤の横移動量をとって，両者の関係をプロットしたものが，図 8.1.9 である．

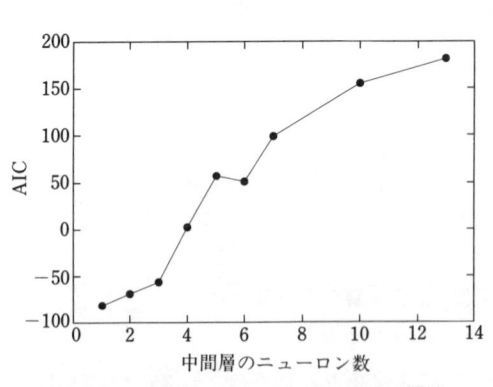

図 8.1.8 中間層のニューロン数と AIC の関係

図 8.1.9 に●印で示すような観測値が得られているとき，この観測値を次に示す2つの曲線式で逆解析する問題である．

8.1 AICによる評価法

モデル式A：$y = ax + b$
$$(8.1.10)$$
モデル式B：$y = ax^5 + bx^4 + cx^3 + dx^2 + ex + f$
$$(8.1.11)$$

図8.1.10は入力データ（ファイル名：data.txt）である．図8.1.11のプログラムを実行すると，前掲した図8.1.9が出力され，その図の中に，2つのモデルのAICが表示される．

結果は，次のとおりである．

モデル式AのAIC = 69.2
$$(8.1.12)$$
モデル式BのAIC = 76.4
$$(8.1.13)$$

すなわち，式(8.1.12)＜式(8.1.13)であり，モデル式AのAICの方がモデル式BのAICより小さい．したがって，モデル式A（1次式：式(8.1.10)）の方がモデル式B（5次式：式(8.1.11)）よりも推定精度が高いと判定できる．

ただし，これは観測誤差分散を$R = 4.0$に設定した場合の結果である．プログラムの6行目にある観測誤差分散Rの値を$R = 0.1$に設定すれば，今度はモデル式B（式(8.1.11)）の方がモデル式A（式(8.1.10)）よりも推定精度が高いという結果になる．したがって，AICの比較においては，観測誤差分散が重要な意味をもつので，観測精度を考慮し，Rの値として現実に近い値を設定する必要がある．

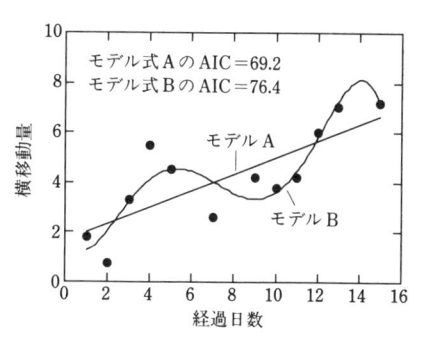

図 8.1.9 山留めの掘削に伴う地盤の横移動量

経過日数	横移動量 観測値	モデルA 推定値	モデルB 推定値
1.0000	1.8000	2.0294	1.2659
2.0000	0.7500	2.3606	2.0676
3.0000	3.3000	2.6919	3.2135
4.0000	5.5000	3.0231	4.1195
5.0000	4.5000	3.3543	4.5307
7.0000	2.6000	4.0167	4.0360
9.0000	4.2000	4.6792	3.3628
10.000	3.8000	5.0104	3.6349
11.000	4.2000	5.3416	4.5031
12.000	6.0000	5.6728	5.8695
13.000	7.0000	6.0041	7.3515
15.000	7.2000	6.6665	7.2491

図 8.1.10 入力データ

8. 逆解析モデル式の良否評価法

```
%****************************
%  AIC Comparison between 2 Models
%****************************
clear;

%=====DATA INPUT=====
R = 4.0;                    ←観測誤差分散の設定
pn1 = 2;                    ←モデル式 A のパラメータ数の設定
pn2 = 6;                    ←モデル式 B のパラメータ数の設定
load data.txt;              ←入力データの読み込み
N=max(size(data));          ←入力データ数
X = data(:,1);              ←経過日数
Yobserved = data(:,2);      ←横移動量観測値           変数値のセット
Ymod1 = data(:,3);          ←モデル A による推定値
Ymod2 = data(:,4);          ←モデル B による推定値

%=====AIC of Model 1=====
s1 = sum((Yobserved - Ymod1).^2);
v1 = 2*3.141592*(3*N*R+s1) / N;             モデル A の AIC の算定
t1 = -0.5*N-0.5*N*log(v1);                  式(8.1.3), (8.1.9)
AIC1 = -2*t1 + 2*pn1

%=====AIC of Model 2=====
s2 = sum((Yobserved - Ymod2).^2);
v2 = 2*3.141592*(3*N*R+s2) / N;             モデル B の AIC の算定
t2 = -0.5*N-0.5*N*log(v2);                  式(8.1.3), (8.1.9)
AIC2 = -2*t2 + 2*pn2

% ======= RESULT  PLOT ======
clf, plot(X,Yobserved,'o',X,Ymod1,X,Ymod2),
ylabel('Data y'),xlabel('Data X'),                      解析結果の図化
gtext(['AIC of Model 1 = ',num2str(AIC1)] ),
gtext(['AIC of Model 2 = ',num2str(AIC2)] );
```

図 8.1.11　AIC 解析プログラム（同一内容の FORTRAN プログラムを CD-ROM に収録）

8.2 ベイズの定理による評価法[2)]

8.2.1 予測精度の高いモデルをみつけるには

逆解析にとって予測が当るか,外れるかは,重要な評価尺度である.天気予報はよく当るほど価値が高く,用途が広がるのと同じである.よく当るかどうかを知るには,過去の実績を調べてみるのが,1つの方法である.

複数の解析モデルについて,過去の予測的中率の実績を調べ,そのデータに 3.7 で前述したベイズの定理を応用することにより,それらの解析モデルの中で,もっとも予測精度の高いモデルを見つけることができる.

8.2.2 解析アルゴリズム

観測データが得られているとき,解析モデルが複数あり,それらのうち,どのモデルがもっとも予測精度が高いか判定したい.**表** 8.2.1(後述の 8.2.3 のデータ)はそのような例である.それまでに得られている観測データを用いて予測精度を判定し,それ以後の予測に最適な解析モデルを選定しようとしている.

表 8.2.1 はある時点において,過去の実績を調べた結果であり,予測が C_k のとき,現実が A_j であった条件付き確率 $P(A_j|C_k)$ を表している.つまり,モデル k が他のモデルよりももっとも観測値に近いであろうと予測していたとき,現実には A_j が他のモデルよりももっとも観測値に近かったという事態が生じた確率である.各列の値を縦方向に足し合せれば,その和はそれぞれ 1.0 である.

このような表は,予測時点以前の観測データを用いて,各モデルの的中率(そのモデルが他のモデルよりももっとも観測値に近い確率)の予測と現実との実績

表 8.2.1 沈下予測に関する条件付き確率の例

時間 $t_i =$ 203 日 現実＼予測	条件付き確率 $P(A_j\|C_k)$			
	C_1:モデル 1	C_2:モデル 2	C_3:モデル 3	C_4:モデル 4
A_1:モデル 1	0.629	0.483	0.524	0.832
A_2:モデル 2	0.113	0.305	0.083	0.054
A_3:モデル 3	0.220	0.149	0.325	0.052
A_4:モデル 4	0.038	0.063	0.068	0.062

8. 逆解析モデル式の良否評価法

を調べれば，作成することができる．ただし，調べて作成するといっても，いちいち手作業で調べる必要はなく，プログラムがあれば，データを入力するだけで一瞬に処理することができる．

また，同時に，条件付きでない予測確率 $P(C_k)$ を求めておく．これは過去の実績を調べ，そのモデル k が他のモデルよりももっとも観測値に近いことが，どれだけの割合であったかを表すものである．たとえば，モデル1が過去に1位（予測用モデルに選ばれる）になったことが，全体の20％あれば，$P(C_1)=0.2$ である．

ここまでわかれば，3.7で前述したベイズの定理が使える．そこで，次式で表されるベイズの定理に，以上で求めた $P(A_j|C_k)$ と $P(C_k)$ の値を代入することにより，確率 $P(C_k|A_j)$ を求めることができる．

$$P(C_k|A_j) = \frac{P(A_j|C_k)P(C_k)}{\sum_{k=1}^{m} P(A_j|C_k)P(C_k)} \quad (8.2.1)$$

$P(C_k|A_j)$ とは，任意のタイムステップ i において，現実が A_j のとき，次ステップ $i+1$ において C_k が予測される確率である．

この計算をタイムステップ1から現時点まで繰り返し行うと，最新の $P(C_k|A_j)$ の値が求まる．そこで，各種モデル式のうちで，もっとも $P(C_k|A_j)$ の値が大きいものが，予測精度の高いモデルであると判定することができる．

プログラムで計算する場合の計算手順を次に示す．

［任意のタイムステップ i における計算手順］

① タイムステップ i において，|観測値－モデル値| のもっとも小さいモデル A_j を見つける．

② $P(A_j|C_k)$，$P(C_k)$ を再計算する（A_j の生起によりこれらの値は変化しているので）．

③ 以上で求めた $P(A_j|C_k)$，$P(C_k)$ の値を用いて，式(8.2.1)により $P(C_k|A_j)$ を計算する．

④ $k=1 \sim m$ のモデルについて，$P(C_k|A_j)$ の値を比較し，もっとも大きい $P(C_k|A_j)$ のモデルを，次段階の予想モデル C_k とする．

⑤ 以上で求めた $P(C_k|A_j)$ を Y 軸に，時間を X 軸にとってグラフにプロットする．最終段階に近づくにしたがって，$P(C_k|A_j)$ がもっとも高くなるモデルが最適予測モデルと判定できる（図 8.2.3 参照）．

8.2.3 解析例[2]

以上の解析法を実際に適用した例を示す．

軟弱地盤上に図 8.2.1 に示すような工程で盛土を行ったところ，地盤の沈下が生じた．その沈下の推移の観測結果が図 8.2.2 である．盛土は図に示すように，約 300 日間ほぼ同一の高さ（厚さの意味である．平均厚さ 4.2 m）のままで放置され，その後，上部 1.2 m 分（余盛り）が撤去された．

盛土荷重が変化すると，沈下観測データは影響を受ける．したがって，盛土工事中の沈下観測データはこの影響によりその後の盛土荷重の一定な期間のデータとは同一の扱いができない．したがって，解析に使用するデータを図 8.2.2 に示す盛土高一定期間(59～367 日)の沈下観測データとすると，全部で 52 点ある．そ

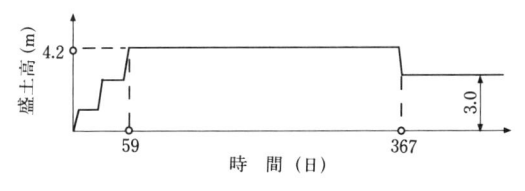

図 8.2.1 盛土施工工程

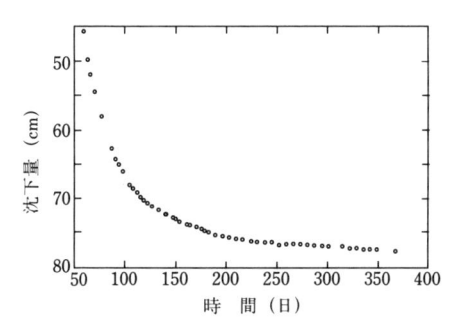

図 8.2.2 沈下観測結果（盛土高一定期間のデータ）

8. 逆解析モデル式の良否評価法

のうちの，前半26回（=52/2）の観測が終了した時点で，その後の沈下を予測する場合を検討対象として，ここで示す解析例では26回のデータを用いて，8.2.2 で示した解析を実施した．

図 8.2.3 は解析の結果，得られた $P(C_k|A_j)$ を Y 軸に，時間を X 軸にとってグラフにプロットしたものである．最終段階(26回目)に近づくにしたがってモデル1の $P(C_k|A_j)$ が他のモデルの $P(C_k|A_j)$ よりも高くなっていく様子がわかる．つまり，モデル1がもっとも予測精度が高く，よいモデルであると判定される．

ちなみに，図8.2.4 はすべての解析モデルを用いて，沈下を予測した結果と後半26回の実測データを比較して示している．

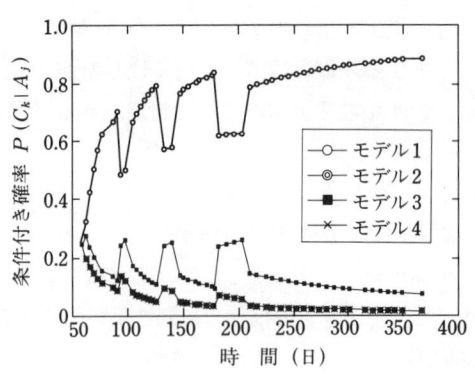

図 8.2.3　ベイズの定理によるモデル式の評価結果

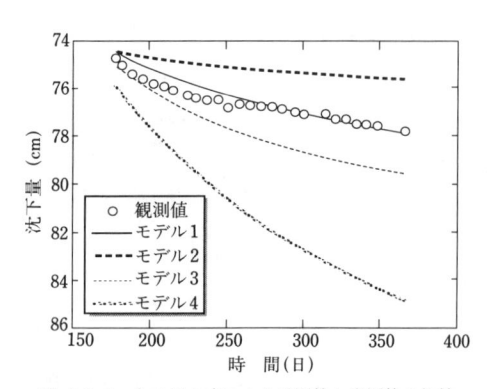

図 8.2.4　全モデル式による予測値と実測値の比較

この図からモデル1の予測精度が高いことがわかる．つまり前半のデータを用いた予測が正しかったことが立証されたわけである．

8.3　ダービン・ワトソン検定

8.3.1　基本概念とアルゴリズム

観測データに対して，解析モデル式が真に適合していれば，推定誤差は確率分布に従い，時間に対して無相関となる．それに対して，解析モデルが不適切な場

合，推定誤差は時間に対して相関をもつようになる．つまり，時間の経過とともに推定誤差が大きくなったり，逆に小さくなるような傾向を示す．

　このような現象が生じるのは，無視できない影響を及ぼす要因があり，本来それを考慮すべきであるのに，非考慮の解析モデルになっているような場合などである．前掲の図8.2.4はその例である．図において，観測値とモデル1の誤差は時間経過に対してほぼ無相関である．それに対して，他のモデル，とりわけ，モデル4の場合には時間の経過とともに誤差が拡大している．この例では時間経過に対して，誤差は単調に増加しているが，誤差がサイクル的に増減を繰り返すケース（季節変動の影響を受けるような場合）もある．

　このような推定誤差の時間依存性の程度を定量的に評価して，解析モデルの適合度を調べるのが，ダービン・ワトソン（Durbin-Watson）検定である．推定誤差（＝観測値－推定値）を $e_j (j=1,2,\cdots\cdots,n)$ とし，それと1ステップ進んだ時系列 e_{j+1} との相関を調べるために，次式が用いられる．

$$d = \frac{\sum_{j=1}^{n-1}(e_{j+1}-e_j)^2}{\sum_{j=1}^{n}e_j^2} \qquad (8.3.1)$$

　ここで，推定誤差に相関がなければ，d の値は2に近くなることが明らかにされている．それに対して，推定誤差に相関があれば，2より小さくなるので，その離れの程度により，相関を判定することができる．判定は d の大きさに応じて，次のように行う．

$$\begin{aligned}&d_U < d \cdots\cdots\cdots\cdots 相関なし\\&d_L < d < d_U \cdots\cdots 不明\\&d < d_L \cdots\cdots\cdots\cdots 相関あり\end{aligned} \qquad (8.3.2)$$

　d_L と d_U は信頼限界の上限値と下限値であるが，これらの値は設定する危険率，解析に用いるデータの個数，それと解析モデル式に含まれるパラメータの個数によって，値が異なるので，数表が作成されている．ちなみに，危険率が5％の場合，データ数 n とパラメータの個数 p によって，d_L, d_U は表8.3.1のような値をとる．

8. 逆解析モデル式の良否評価法

表 8.3.1 ダービン・ワトソン検定の信頼限界値（危険率5％）

n	p=1		p=2		p=3		p=4		p=5	
	d_L	d_U	d_L	d_U	d_L	d_U	d_L	d_U	d_L	d_U
20	1.2	1.41	1.10	1.54	1.00	1.68	0.90	1.83	0.79	1.99
30	1.35	1.49	1.28	1.57	1.21	1.65	1.14	1.74	1.07	1.83
40	1.44	1.54	1.39	1.60	1.34	1.66	1.29	1.72	1.23	1.79
50	1.50	1.59	1.46	1.63	1.42	1.67	1.38	1.72	1.34	1.77
60	1.55	1.62	1.51	1.65	1.48	1.69	1.44	1.73	1.41	1.77
70	1.58	1.64	1.55	1.67	1.52	1.70	1.49	1.74	1.46	1.77
80	1.61	1.66	1.59	1.69	1.56	1.72	1.53	1.74	1.51	1.77
90	1.63	1.68	1.61	1.70	1.59	1.73	1.57	1.75	1.54	1.78
100	1.65	1.69	1.63	1.72	1.61	1.74	1.59	1.76	1.57	1.78

8.4 フラクタル次元による評価

8.4.1 フラクタルの基本概念

フラクタル(fractal)の概念は，アメリカのB.Mandelbrot[3]によって，1975年に初めて生み出されたものである．それは拡大すると，元の図形と同じ構造のものが，ミクロなスケールで含まれている（ただし，正確な相似ではなく，統計的自己相似）性質である．

フラクタルは物質の形状にだけではなく，音や振動の世界にも存在する．それは「$1/f$ゆらぎ」と呼ばれるものである．この関係を直感的に理解するには，次の例が適当と思われる．すなわち，大きな地震はめったに（たとえば1000年に1回）発生しない．それに対して，小さい地震はしばしば（たとえば1年に1回）発生する．このようなことは我々が体験的に感じていることであるが，実際調べてみると，図8.4.1のようになる[4]．図によると，所定期間内の地震の大きさと発生回数は直線関係であり，これは図に示す小さい三角形と大きい三角形が相似であることを意味する．これは前述したフラクタルの定義に他ならない．つまり，このようにスペクトルの直線分布は周波数領域（スペクトル）におけるフラクタル構造と考えることができる．

自然界の中で，多くのものが，この$1/f$型のスペクトル分布を示すことが明らかにされている．カオス的な変動を示す時系列データのスペクトルは$1/f$型分布となっていることが多い．図8.4.2はその一例であり，不同沈下の観測データの

フーリエ・スペクトルである．地盤の沈下は位置的に不均一であるが，その分布を振動波形としてとらえ，周波数解析を行ったものである．

このような $1/f$ 型のスペクトルの勾配には，次の図 8.4.3 に示すような関係がある．すなわち，図 8.4.3 に示すようなスペクトルの回帰直線の勾配はスペクトル数 β と呼ばれ，$\beta=1$ の分布形は交響曲の音色やさわやかな風などがそれに該当する．$\beta=1$ のとき，人間がもっとも自然で，心地よいと感じる．

それに対して，β が 1.0 よりも大きくなると，時系列データは単調な変動となる．そのようなデータに関する予測は容易である．その逆に，スペクトル数 β が 1.0 よりも小さくなると，時系列データは複雑なランダム変動となり，変動の予測は困難となる．

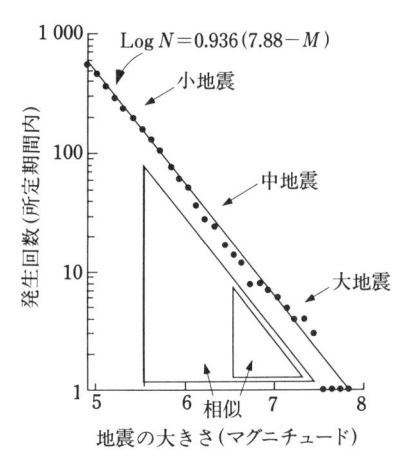

図 8.4.1　地震の頻度と最大振幅の関係（文献 4）の図に加筆）

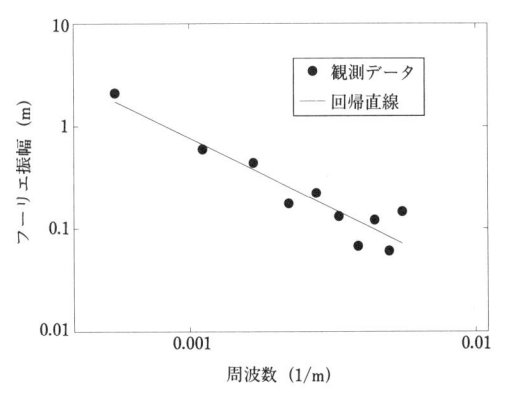

図 8.4.2　不同沈下のフーリエ・スペクトル[5]

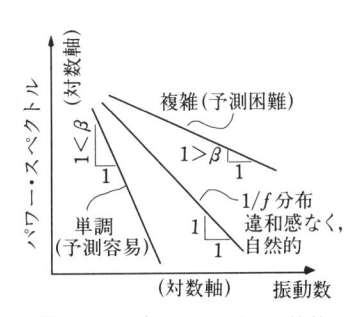

図 8.4.3　$1/f$ 型スペクトルの性質

8. 逆解析モデル式の良否評価法

8.4.2 フラクタル次元

フラクタル次元 D_F は，カオス的なデータのランダム性を評価する指標として，しばしば用いられる．$1 \leq D_F \leq 2$ の関係があり，データが最大限にランダムな場合には $D_F = 2$ であり，もっとも規則的な場合には $D_F = 1$ である．フラクタル次元の推定法は1種類ではないが，前述したスペクトル数 β による推定式は次のとおりである[6]．

$$D_F = 2.5 - 0.5\beta \tag{8.4.1}$$

図8.4.4は前述した地盤の不同沈下の例であり，スペクトル数 β の大きさの影響を調べている．横軸に距離，縦軸に沈下量をとり，実際の沈下観測データは●印でプロットしている．●印のスペクトル数 β を求め，それを k 倍したときの沈下分布の変化を点線と実線で表示している．すなわち，スペクトル数 β が小さくなる（$k=0.6$）と，沈下量の変動が激しく，スペクトル数 β が大きくなる（$k=1.4$）と，沈下量の変動が滑らかになっている様子がわかる．スペクトル数 β とフラクタル次元の間には，式（8.4.1）の関係があるので，この特性はフラクタル次元に置き換えることができる．

したがって，時系列データ

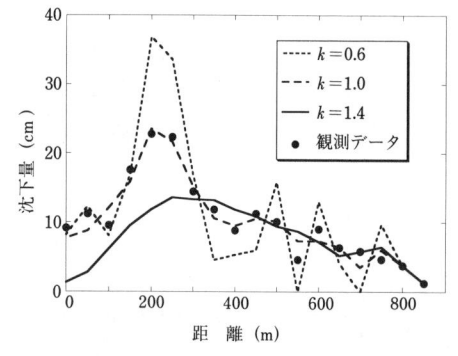

図 8.4.4 スペクトル数の大きさの影響[5]

について，逆解析とそれに基づく予測を行う場合，フラクタル次元を調べれば，予測の難易度・精度を評価できる．また，解析モデルの設定やデータの整理の方法によって，フラクタル次元が変化する場合には，フラクタル次元を用いて，最適な解析モデルの設定やデータの整理法を求めることができる．次の8.4.3は，まさにそれに相当する例である．

8.4.3 ネットワークの最適化[7]

カオス時系列データに対する予測においては，等間隔ピッチ τ で区切られた過

去の観測データを用いて,1ピッチ先の予測を行う方法がしばしば用いられる(たとえば,9.4の例).その場合,サンプルピッチ τ をできるだけ大きく設定した方が,より長期予測が可能となるので望ましい.しかし,サンプルピッチを大きくとると,予測精度が落ちる.そこで,予測精度が落ちない範囲で,サンプルピッチをできるだけ大きく設定するのが望ましい.フラクタル次元を応用することにより,このような場合のサンプリングピッチの決定法が松葉[7]により提案されている.

図8.4.5は,日経平均(株価)の時系列データについて,ニューラルネットワークにより逆解析・予測を行う場合の,フラクタル次元の適用例である.図8.4.5(b)によると,$\tau=7$ 日を境として,フラクタル次元が1.59から1.98に変化している.つまり,サンプルピッチを $\tau=7$ 日に設定すれば,予測精度を落さず,しかも最大限に長期予測が可能であることがわかる.

(a) 日経平均の変動　　　　　　(b) フラクタル次元

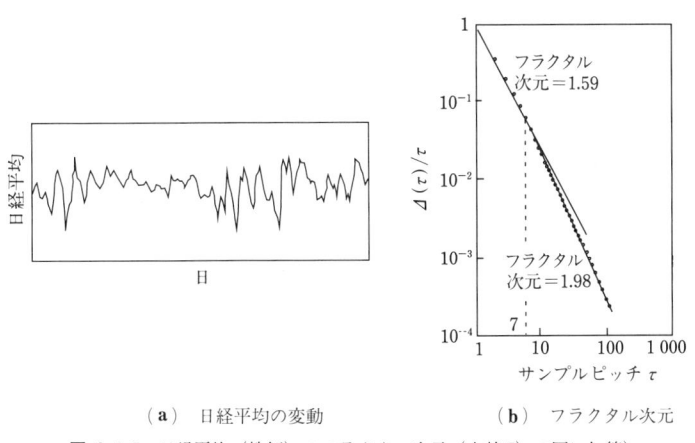

図 8.4.5　日経平均(株価)のフラクタル次元(文献7)の図に加筆)

文献

1) H.Akaike：A New Look at the Statistical Model Identification, IEEE, Trans., A.C. 19, pp.716-723, 1974.
2) 脇田英治：二次圧密を考慮した沈下予測と予測精度推定法,土木学会論文集,No.457, pp.97-105, 1992.

8. 逆解析モデル式の良否評価法

3) B.B.Mandelbrot：The Fractal Geometry of Nature, W.H.Freeman and Co., 1977.；広中（監訳）：フラクタル幾何学, 日経サイエンス社, 1985.
4) 宇津徳治：地震学, p.130, 共立全書216, 1977.
5) 脇田英治, 松尾稔：不同沈下のフラクタル的性質とそれを応用した沈下推定, 土木学会論文集, No.529, pp.69-81, 1995.
6) 松葉育雄（第5章著者），相原一幸（編著者）：応用カオス カオスそして複雑系へ挑む，サイエンス社, pp.185, 1994.
7) 松葉育雄：カオスと予測, 数理科学, No.348, June, pp.64-69, 1992.

9. 逆解析の適用例

9.1 山留めの逆解析

　弾塑性法は山留めの設計法として，広く用いられている解析法である．図9.1.1は弾塑性法による山留めの解析法を概念的に表している．切ばりは，ばねで表される．山留めの前面の地盤もばねであるが，所定値（受働土圧）以上の地盤反力に対しては，塑性化するばねである．それらのばねで支えられた連続梁としての山留め壁の背面に設計用側圧を作用させる．側圧は掘削底までは三角形分布，それより以深は長方形分布とされる．その側圧の大きさや前面地盤のばね定数（地盤反力係数）の設定値の目安は，学会設計指針等（たとえば，日本建築学会の「山留め設計施工指針」）に示されているが，理論的に明解な根拠はない．

　山留めの設計においては，使用部材や地盤定数などを設定し，図9.1.1のモデルに関する平衡方程式を解くことにより，山留め壁の変形状態や壁の曲げモーメントの分布，および切ばりの軸力などを求めることができる．そして，それに基づいて，断面を照査し，安全性がチェックされる．

　山留め設計における最大の問題は，設計用側圧や前面の地盤反力係数を精度よく設定することが困難であるということである．そこで，経済的な施工を行うために，施工中に観測結果を用いて，逆解析を行い，次段階掘削以降の切ばり位置や安全性を評価する方法がとられる．

　以下は岸尾・太田・橋本ら[1)]による

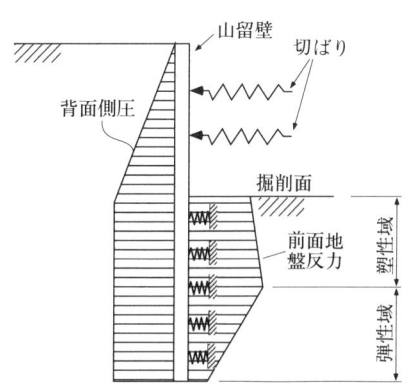

図 9.1.1 弾塑性法による山留め解析法

9. 逆解析の適用例

山留めの逆解析事例である．逆解析にはカルマンフィルタが用いられた．カルマンフィルタによる山留め解析については，4.5で前述したが，本事例では，式(4.5.10)に相当するパラメータベクトルが次のように設定されている．

$$X_k = \{E_p \quad K_h\}^T \tag{9.1.1}$$

ここに，E_p は背面側圧，K_h は水平方向地盤反力係数であり，各深度における値を要素としてもつベクトルである．そして，変位，切ばり軸力，曲げモーメント，背面側圧の観測データを用いて，逆解析が行われた．

地盤はGL−24m付近まで軟弱な沖積地盤である．図9.1.2は3次掘削後の山留めの応力・変形状態を表している．図には観測値と逆解析による推定値が併せて表示されているが，両者はよく一致している．ただし，切ばり軸力の整合性がよくないが，これについては観測値の精度等によるものであるとコメントされている．

図9.1.3の左側に地盤反力係数の逆解析結果を示している．逆解析値が原設計値とは，かなり異なるものであることがわかる．また，図9.1.3の右側は背面側圧分布の逆解析結果である．次段階以降の山留めの挙動予測には，これらの値を用いることができる．

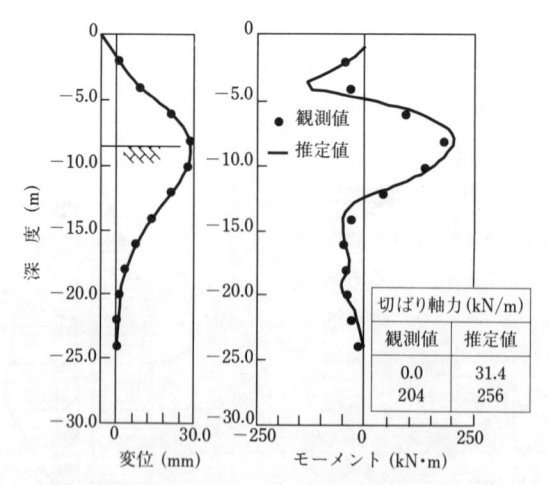

図 9.1.2 山留めの応力・変形状態（3次掘削後，文献1）より引用）

9.2 ボックスカルバートの熱特性の逆解析

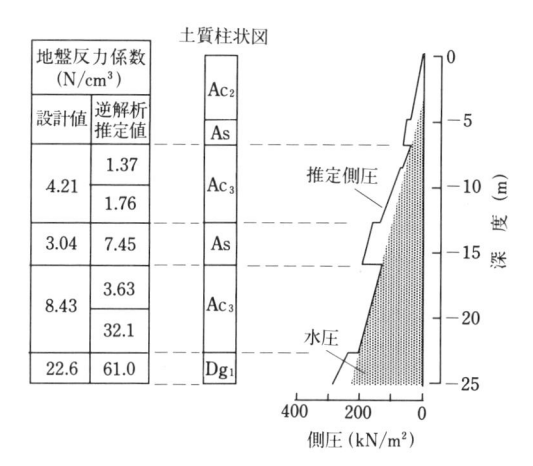

地盤反力係数 (N/cm³)		土質柱状図
設計値	逆解析推定値	
		Ac₂
		As
4.21	1.37	Ac₃
	1.76	
3.04	7.45	As
8.43	3.63	Ac₃
	32.1	
22.6	61.0	Dg₁

図 9.1.3 側圧分布の逆解析結果（3次掘削後，文献 1) より引用）

9.2 ボックスカルバートの熱特性の逆解析

コンクリート構造物は軀体のコンクリート打設直後，コンクリートの水和反応により高熱（40〜60℃）を発生する．そして，設計や施工管理が不十分な場合には，その熱により軀体に温度ひび割れが生じる．このような事態を避けるためには，事前にコンクリートの発熱に関する熱伝導解析を行い，その結果に基づいて，温度ひび割れを防止するために，コンクリートの配合を工夫したり，目地を適所に設けるなどの対策が必要である．ところが，その熱伝導解析に必要なコンクリートの熱特性値，とくに熱伝達係数を施工前に正確に設定することは困難である．

このような問題を解決するために，逆解析が適用された．以下は，近久・津崎ら[2]によるボックスカルバートの熱特性に関する逆解析の事例である．本体構造物の建設に着手する前に，小規模な実験模型をつくり，それについてコンクリート打設直後の熱特性値を計測し，そのデータを用いて逆解析が実施された．これにより，熱伝達係数などのパラメータ値が同定されるので，つぎにそれを用いて，本体構造物の熱伝導解析を行い，精度よく現実の挙動を再現することができた．

図 9.2.1 は本体構造物であるボックスカルバートの断面形状を表している．そ

9. 逆解析の適用例

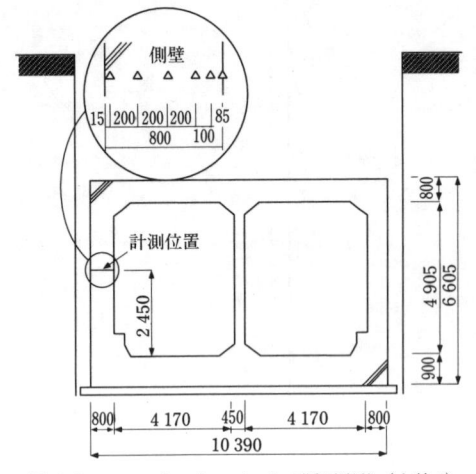

図 9.2.1 ボックスカルバートの断面形状（文献 2）より引用）

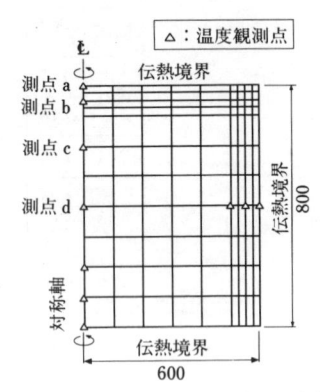

図 9.2.2 実験模型に関する有限要素解析モデル（文献 2）より引用）

れに対して，本体構造物を模擬した小規模な実験模型が作成された．図 9.2.2 はその実験模型に関する有限要素解析モデルである．このモデルは 4 節点のアイソパラメトリック軸対称要素で構成されている．図中の△印は温度計設置位置を示している．この△印の位置における温度の解析値 T_i と観測値 t_i を用いて，目的関数は次式で与えられる．

$$J = \sum_{i=1}^{n}(t_i - T_i)^2 \qquad (9.2.1)$$

ここに，n は測定点数である．

最小 2 乗法による逆解析では，コンクリートの特性値のうち，内部発熱率と熱伝達係数のみが未知パラメータに設定され，それ以外は試験結果が用いられた．

図 9.2.2 のモデルを用いて，非定常熱伝導解析が繰り返し実施され，式(9.2.1) の目的関数を最小にするパラメータの値が探索された．図 9.2.3 はその結果である．図 9.2.3 上側は観測値，図 9.2.3 下側はパラメータ同定値による熱伝導解析結果を示している．両者を比較すると，よく一致しており，逆解析が良好に実施されている様子がわかる．

つぎに，以上の解析で得られたパラメータ同定値を用いて，ボックスカルバー

9.2 ボックスカルバートの熱特性の逆解析

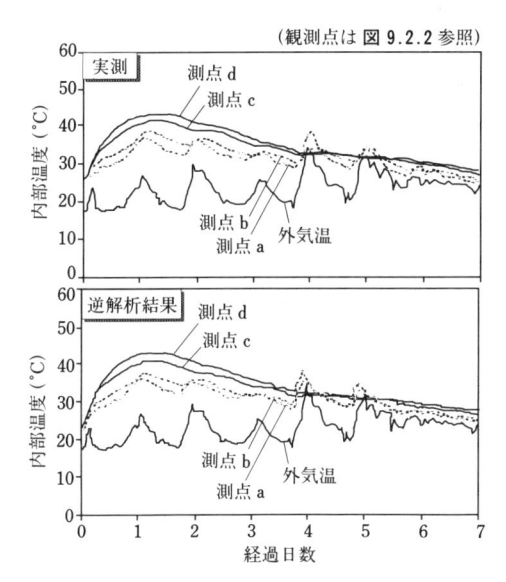

図 9.2.3 逆解析結果と観測値の比較（文献 2）より引用）

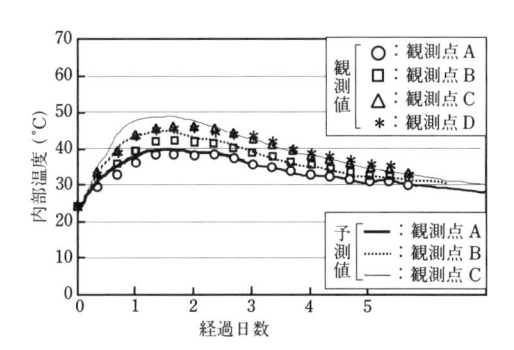

図 9.2.4 ボックスカルバートの熱伝導解析結果（文献 2）より引用）

トの熱伝導解析・予測が実施されたが，図9.2.4はその結果である．図にはその後，観測されたボックスカルバートの温度の推移も記入されているが，両者はよく一致している．

137

9.3 補強土盛土斜面の逆解析

　高盛土を建設する場合，盛土工事の早い段階に逆解析を行い，次段階以降の応力・変形状態を予測できれば，設計変更が可能である．また，それにより現段階，および次段階以降の安全性を確認・予測することができる．

　ここに紹介する最小2乗法による逆解析事例は山上・森・植田・安富[3]によるものである．図9.3.1に示すような断面の高盛土が建設された．盛土の下端部（図の右下）にある擁壁状のブロックはテールアルメ工法による改良体である．力学的には，この改良体は補強された土のブロックと考えてよい．

　逆解析の未知パラメータの数が多すぎると，逆解析がうまくいかない．そのため，補強土ブロックの物性のみを未知パラメータにとり，逆解析が実施された．補強土ブロックを異方性の非線形弾性体であると仮定し，Duncan-Changの応力-ひずみ関係式が用いられた．ところが，この式にはパラメータが10個ある．その10個全部を逆解析の対象とするのは無理なことが明らかとなり，最終的に5個のパラメータに絞り，残りは土質試験結果に基づいて設定された．

　図9.3.2は逆解析に用いられた有限要素法の解析モデルである．このモデルは2段目の補強土ブロックまで施工が終了した状態を表している．図中に●で表示した部分が水平変位の観測位置である．これら9点の観測変位と解析による変位の

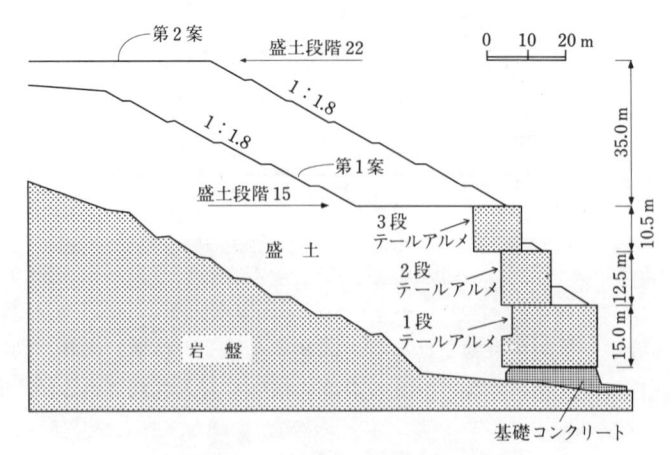

図 9.3.1　盛土断面（文献3）より引用)

9.3 補強土盛土斜面の逆解析

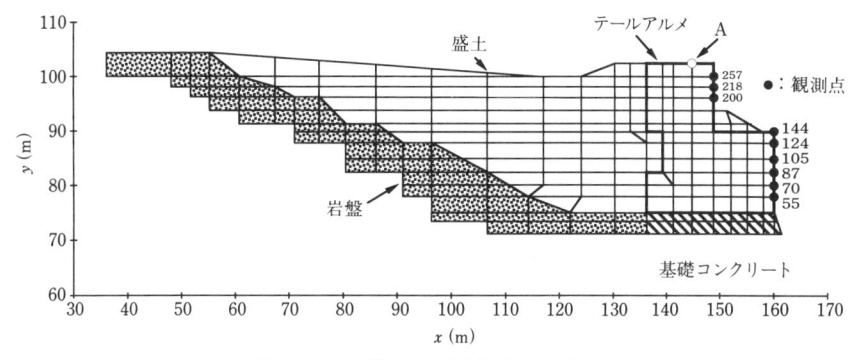

図 9.3.2 解析モデル（文献 3）より引用）

表 9.3.1 パラメータの同定値（逆解析の結果，文献 3）より引用）

	No.1		No.2		No.3		No.4	
	初期値	逆算値	初期値	逆算値	初期値	逆算値	初期値	逆算値
n	0.1000	0.0473	1.0000	0.0283	0.0100	0.5500	1.0000	0.0382
m	0.0100	0.0351	0.4000	0.0283	0.0100	0.0801	1.0000	0.0323
E_2(MN/m²)	98.1	250	196	275	981	269	9.8	247
v_1	0.1000	0.2310	0.3000	0.00702	0.0100	0.0222	0.1000	0.0692
v_2	0.1000	0.00002	0.3000	0.1090	0.0100	0.0001	0.1000	0.0564
U	0.000731		0.000739		0.000750		0.000734	
反復回数	126		131		141		252	
CPU (min)	389		470		445		783	

残差平方和が目的関数に設定された．そして，目的関数の値が最小となるように，解の探索が行われた．

表9.3.1は逆解析の結果，得られたパラメータの同定値である．No.1~4まであるが，この相違は初期値の違いである．本来，初期値をどのように設定しようと，同一の結果になってほしいのであるが，現実にはこのように，初期値の設定の仕方により解析結果が異なる．No.1~4の結果のうち，目的関数の値が最小となるのは，No.1であるので，そのときの値が採用された．

表9.3.1のパラメータ同定値を用いて，次段階以降の応力・変形状態の解析が行われた．図9.3.3はその結果の一部である．図9.3.1に示す2つの設計案（第

9. 逆解析の適用例

1案と第2案)は，双方とも通常の設計法では安全性が保証されているものである．図9.3.3では，図9.3.2におけるA点の水平変位が比較して示されている．それによると，第1案を採用した場合には，盛土工事の進行に対して，水平変位は安定的に推移している．それに対して，第2案の場合には，途中から変位が急激に増加し，危険であることがわかる．この結果，第1案が採用され，それに基づいて，設計変更が行われた．

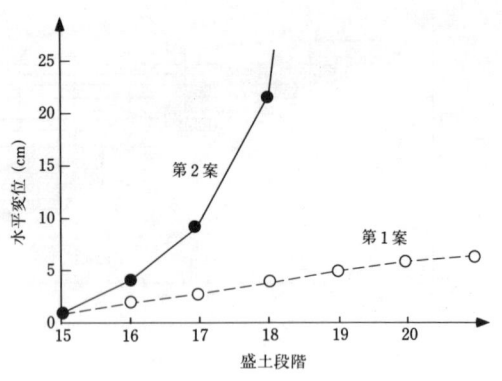

図 9.3.3　水平変位の推移予測（文献3）より引用）

9.4　建築物の空調の自動制御

真冬に出勤したときにオフィスビル内が冷え切っているのは好ましくない．同様に，真夏に出勤したときにビル内が蒸し風呂のようになっているのも困る．就業時間より前に空調が入り，出勤したときに適温であるのが，理想である．しかし，就業開始時間よりかなり前に空調が入ったのでは，エネルギーの無駄である．また，外気温や天候などによる変動もあり，ジャストなタイミングで空調をオンにするのはなかなか難しい．ここでの事例はこのような空調の予熱・予冷時間を逆解析により推定する方法に関するものである．

図9.4.1はカオス的な変動を示す時系列データの予測法を表している．図では，ニューラルネットワークにより，A_1，B_1よりP_1を予測，A_2，B_2よりP_2を予測，このような学習を続けて，その結果を用いて，最後に，A_3，B_3よりP_3を予測する．このような予測法がカオス的な変動を示すデータに対しては有効であることが知られている．

このようなニューラルネットワークによる学習において，過去のすべてのデータを用いるのは得策ではない．効率的でより精度の高い学習・予測を行うために

9.4 建築物の空調の自動制御

は，どのように学習用のデータを選択すればよいか，このような問題に対する1つの解決策が下平[4]によって提案されており，以下にその概要を示す．

図 9.4.1 を用いて説明する．図 9.4.1 には学習用のデータとして，2つの候補がある．その1つは $[A_1, B_1 \rightarrow P_1]$ の組であり，もう1つは，$[A_2, B_2 \rightarrow P_2]$ の組である．どちらがより適しているかを調べるために，次のような値を求める．

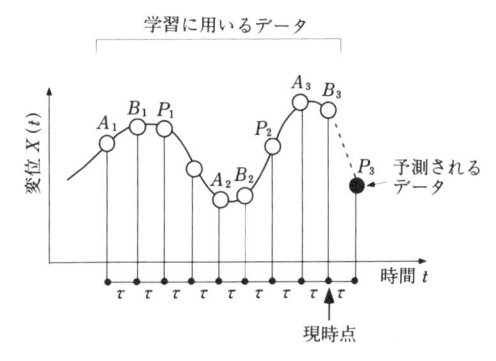

図 9.4.1 ニューラルネットワークによる予測

$$D_1' = \sqrt{(A_3-A_1)^2 + (B_3-B_1)^2} \quad (9.4.1)$$

$$D_2' = \sqrt{(A_3-A_2)^2 + (B_3-B_2)^2} \quad (9.4.2)$$

これらのうち，値の小さい方が学習により適したデータである．しかし，これだけではまだ不十分である．A は B よりも古いのに，同等に扱われている．古いデータよりも新しいデータにより重みを置いて評価すべきである．そこで，その効果を考慮するために，自己相関係数 ρ_i に関する係数 $|\rho_i|^m$ を式 (9.4.1)，式 (9.4.2) の各項の前に付け加え，かつ一般化した形式で示すと次式となる．

$$\text{重みつきユークリッド距離} \quad D_j = \sqrt{\sum_{i=1}^{d} |\rho_i|^m (x_{t-i} - x_{t-j-i})^2} \quad (9.4.3)$$

ここに，x_t は現時点の値，x_{t-j} は現時点より j ステップ過去の値である．また，係数 m および d の最適値はケースバイケースであり，トライアンドエラーにより決定する必要がある．

式 (9.4.3) を用いて，全データの中から重みつきユークリッド距離が小さいものを所定の数だけ選択して，学習用のデータとすることにより，より類似度の高いデータを学習用に選定することができる．

この手法の有効性を確認するために，既存データを用いた数値実験が行われた．図 9.4.2 はその結果である．数値実験に用いられた計測データは山形市内のビル

9. 逆解析の適用例

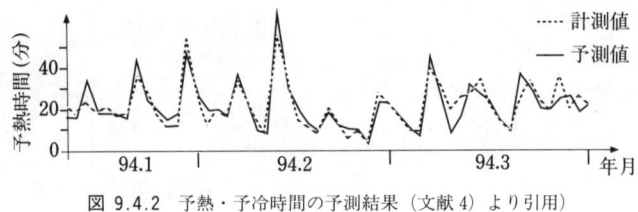

図 9.4.2 予熱・予冷時間の予測結果（文献 4）より引用）

の1月から3月までのビル管理システムのデータである．空調装置は目標温度20℃に午前9時に到達するように，図9.4.2に示す予熱時間をとって，午前8時から9時までの間に起動された．

前述した類似データ選定学習法により選ばれた学習データを用いて，ニューラルネットワークにより予熱時間の学習を行い，予測が行われた．図によると，予測値（実線）と計測値（点線）はよく一致しており，ニューラルネットワークによる学習・予測がうまくいっている様子がわかる．

なお，解析に用いられたニューラルネットワークは3層構造であり，中間層と出力層の出力関数にはシグモイド関数が用いられた．また，入力は［当日の午前8時の室内温度］と［当日の午前8時の室内湿度］，および［前日の午前12時の室内温度］の3つである．

9.5 構造物の損傷位置の同定

9.5.1 浮遊式海洋建築物の解析

まったく損傷のない構造物と比べて，構造物に損傷があると，固有振動数は変化する．同様に，損傷のある構造物同士でも損傷位置が変化すると，固有振動数は変化する．このような損傷による固有振動数の変化に着目した構造物の損傷位置の同定法が百里ら[5]，西尾ら[6]によって提案されている．以下はその概要である．

図9.5.1はユニット連結型浮遊式海洋建築物の解析モデルである．この図において，各浮体はジョイントにより結合されている．ここで，ジョイントに損傷があると，固有振動数は変化する．表9.5.1は損傷位置と固有振動数の関係を示している．

9.5 構造物の損傷位置の同定

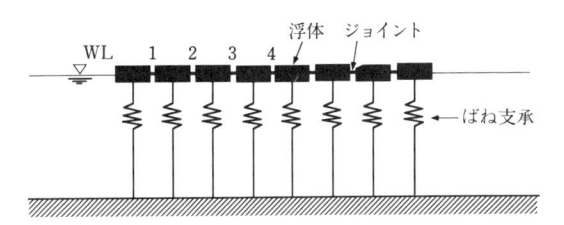

図 9.5.1 海洋建築物の解析モデル（文献 5）の図に加筆）

表 9.5.1 固有振動数の実験データ（文献 5 より引用）

モード次数	正常	損傷位置 No.1	損傷位置 No.2	損傷位置 No.3	損傷位置 No.4
Heave	3.27 Hz	3.27 Hz	3.27 Hz	3.27 Hz	3.27 Hz
Pitch	3.30	3.30	3.30	3.30	3.30
弾性1次	3.48	3.48	3.48	3.46	3.46
弾性2次	4.13	4.11	4.02	4.06	4.13
弾性3次	5.53	5.35	5.31	5.52	5.28
弾性4次	7.60	7.09	7.54	7.18	7.60
弾性5次	9.98	9.34	9.84	9.82	9.40
弾性6次	12.19	11.73	11.56	11.90	12.19
弾性7次	13.71	13.56	13.43	13.26	13.15

表において，正常と記述されている欄は，まったく損傷のない構造物の固有振動数である．それに対して，損傷位置がそれぞれ No.1～No.4 の場合の固有振動数が 3～6 列目までの各欄に示されている．この表は加振実験による観測結果である．

損傷位置がまったく不明な同種の構造物について測定した固有振動数が得られている場合，それが表 9.5.1 のどれかの欄と同じであれば，損傷位置を特定することができる．しかし，観測値には観測誤差が含まれているため，測定した固有振動数が表 9.5.1 と完璧に同じということはあり得ない．

そこで，カルマンフィルタによる逆解析を適用することにより，観測したデータが表 9.5.1 のどれと同じと判断してよいのかが推定された．

減衰を無視した場合，構造物-流体連成自由振動は次式で表すことができる（前述の式 (3.5.15) 参照）．

$$|\boldsymbol{K} - \omega^2 \boldsymbol{M}| = 0 \tag{9.5.1}$$

9. 逆解析の適用例

ここに，K は剛性マトリックス，M は質量マトリックス，ω は固有円振動数である．

そこで，固有円振動数を観測値，状態量を剛性（損傷度）にとり，カルマンフィルタを適用して，逆解析が行われた．図 9.5.2 は状態量に関する解析結果である．繰り返し計算が進むにつれて，状態量（損傷度）がしだいに一定値に収束していく様子がわかる．

図 9.5.2 より剛性が低下していることはわかる．しかし，損傷位置まではわからない．そこで，それを調べるために，次のような計算が追加された．

$$\sigma_n = \sum_{i=1}^{9}(y-\hat{y})^2 \qquad (9.5.2)$$

ここに，σ_n は n 番目の連結部における固有円振動数の残差平方和である．i は振動モードの次数である．そして，次式に σ_n の値を代入することにより，損傷位置を特定することができる．つまり，損傷位置では β_n が 1 に近くなり，それ以外の位置では β_n が 0 に近くなるからである．

$$\beta_n = \frac{1/\sigma_n}{\sum_{i=1}^{4}\dfrac{1}{\sigma_n}} \qquad (9.5.3)$$

図 9.5.3 は β_n に関する解析結果である．繰り返し計算が進むにつれて，No.4 の位置の β_n が 1 に近づき，それ以外の位置の β_n が 0 に近づいているのがわかる．つまり，損傷位置は No.4 であると特定できる．

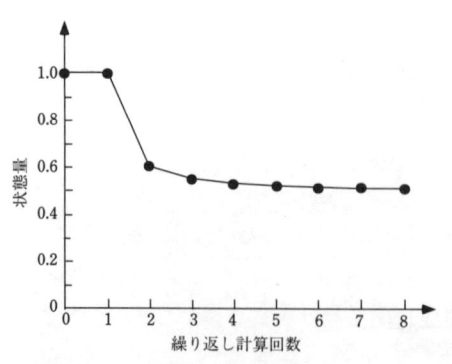

図 9.5.2　状態量に関する解析結果（文献 5）より引用）

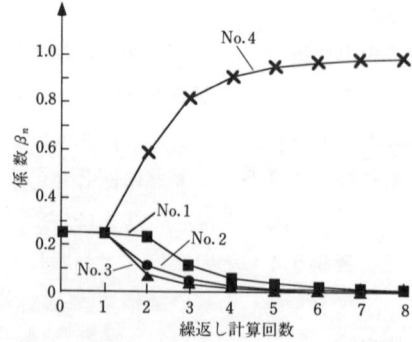

図 9.5.3　損傷位置に関する解析結果（文献 5）より引用）

9.5.2 複合材料の損傷位置の解析

9.5.1 で前述した事例と同様な方法が，複合材料の損傷位置の同定に適用されている．つまり，固有振動数を用いて損傷位置を同定する点は共通である．ただし，解析法は異なり，9.5.1 ではカルマンフィルタが用いられたが，ここで紹介する邉・西ら[7]による解析事例ではニューラルネットワークが用いられている．

複合材料とは，複数の材料を積層に貼り合せたものであるが，製品の品質を管理する上で最大の問題は，損傷の検査方法である．すなわち，はく離・繊維破断・母材割れなどの損傷を低コスト・短期間で，正確に行う方法が求められている．この問題にニューラルネットワークが適用され，その有効性が確認された．

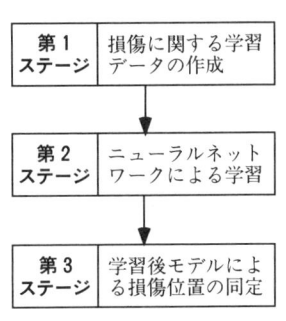

図 9.5.4 解析のプロセス

提案された解析のプロセスは図 9.5.4 に示す3段階で構成されている．
各ステージにおける解析は次のように進められる．

[第1ステージ]

損傷位置と損傷量を種々変化させた有限要素解析を数多く行い，それぞれについて固有振動数と固有振動モードが求められた．9.5.1 との相違点は，表 9.5.1 に相当するデータを得るために，前例では実験が実施されたのに対して，本例では解析が

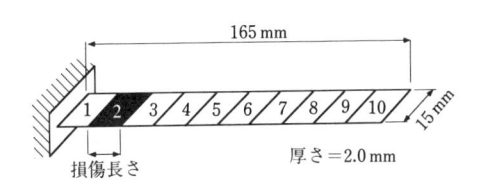

図 9.5.5 複合材料の有限要素モデル（文献7）より引用）

用いられている点である．図 9.5.5 はこの解析に用いられた複合材料の有限要素モデルである．

9. 逆解析の適用例

[第2ステージ]

第1ステージで得られた固有振動数（1次・2次・3次）$\bar{\omega}_1 \sim \bar{\omega}_3$ と3次の固有振動モード $Z_{3,1} \sim Z_{3,6}$ をニューラルネットワークへの入力，損傷位置と損傷量を出力として，図9.5.6に示すようなモデルが構成された．図において出力層の第1～8ユニットが損傷位置を表し，第9ユニットが損傷量を表している．出力層における損傷位置は，たとえば，第3ユニットに損傷がある場合には，第3ユニット部分のみ1として，第1～8ユニット＝[00100000]のように表示される．

[第3ステージ]

学習後のニューラルネットワークモデルを用いて，学習をまったく行っていない別のデータに対して，予測を行った結果を図9.5.7に示している．損傷は1要素のみとして，損傷量が0.3と0.45の場合について，損傷の位置を順に変化させたときの同定値と正解（ライン）が比較されている．図によると，両者はよく一致しており，予測精度が高いことがわかる．

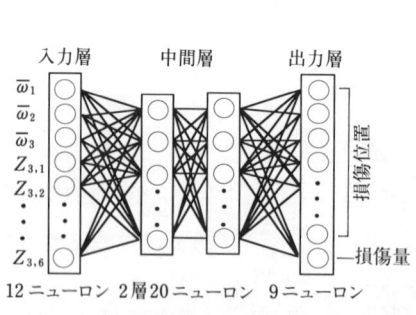

図9.5.6　ニューラルネットワークモデル
（文献7）より引用）

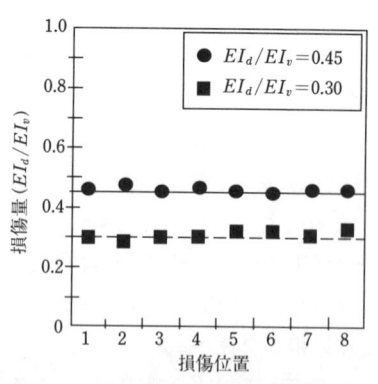

図9.5.7　学習後モデルによる予測精度
（文献7）より引用）

9.6　コンクリートの中性化深度の推定

打設直後のコンクリートはアルカリ性である．しかし，長期間経過すると，コ

9.6 コンクリートの中性化深度の推定

ンクリートはしだいに中性化していく．これは大気中の二酸化炭素などの影響によるものである．中性化はコンクリートの表面から内部へ向かって進行していく．この中性化の深度を推定する式が魚本ら[14]によって提案されている．次式はその提案式である．

$$X = (2.804 - 0.847 \log C) \exp(8.748 - 2563/T)$$
$$\times (2.39 W^2 + 44.6 W - 3980) 10^{-4} \sqrt{Ct} \quad (9.6.1)$$

ここに，X は中性化深さ (mm)，C は二酸化炭素濃度 (%)，T は絶対温度 (K)，W は水セメント比 (%)，t は経過時間（週）である．

このように，コンクリートの中性化深度は式によっても推定できるのであるが，この中性化深度推定をニューラルネットワークによる行う研究が関口[8]により行われた．そして，推定精度を比較した結果，ニューラルネットワークの方が推定式による結果よりも精度の高いことが明らかになった．以下はその推定法の概要である．

図 9.6.1 は解析に用いられたネットワークモデルを示している．つまり，入力層に 3 個，中間層に 6 個，出力層に 1 個のニューロンをもつ 3 層構造である．

中間層の出力関数として，シグモイド関数が用いられた．解析用のデータは既往の論文から集めた 150 個のデータである．学習用のデータはそのうちの 71 個である．その 71 個は 150 個のデータの中から，二酸化炭素濃度，温度，水セメント比の値が所定の範囲内にあるものを限定した結果，選ばれた．

図 9.6.2 は学習の結果である．横軸に教師データの中性化深さ，縦軸にニューラルネットワークによる中性化深さをとり，プロットされている．各点がほぼ直

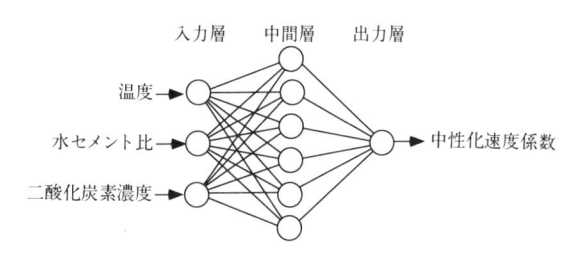

図 9.6.1 ネットワークモデル（文献 8）より引用）

9. 逆解析の適用例

表 9.6.1 予測精度の比較（文献 8）より引用）

	ニューラルネットワーク	推定式
データ数	150	150
平均 2 乗誤差	1.3823	1.7244
相関係数	0.8878	0.8572

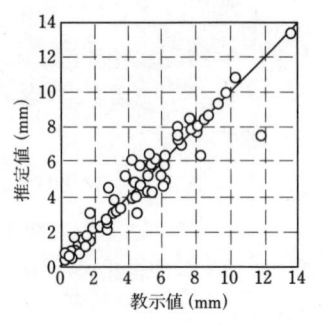

図 9.6.2 学習の結果（中性化深さ，文献 8）より引用）

線付近に集中しており，学習がうまくいっている様子がわかる．

次に，元の 150 個のデータを用いて，予測の精度が検定された．表 9.6.1 はその結果である．ニューラルネットワークの方が推定式による結果よりも精度が高いことが表からわかる．推定式 (9.6.1) も，この 150 個のデータを用いて導かれた式であり，この推定式には本来なじみのよいデータのはずである．それにもかかわらず，ニューラルネットワークの方がまさる結果となっている．

ニューラルネットワークには，この他にも優れた次のような特徴があることが論文の中で指摘されている．すなわち，実験データを用いて，重回帰分析により推定式を導く場合，式の形をあらかじめ概略設定しておく必要がある．この設定が適切なものであるかどうかが結果に影響する．それに対して，ニューラルネットワークの場合には，そのような問題点がないということである．

以上のように，実験データに基づいて，推定を行うような問題に対して，ニューラルネットワークが有効な手段の 1 つであることが明らかにされた．

9.7 トンネルの変形量の予測

NATM 工法は山岳地帯におけるトンネルの標準的な施工法である．NATM 工法によるトンネルの施工において，安全に施工するためには，地山の状態を観察・観測し，その結果に基づいて，早急に適切な処置を取る必要がある．とくに，内空変位と天端沈下の最終変位量の予測は重要な管理項目である．

ここで紹介する事例は中田・荒木ら[9]により提案された NATM トンネルの最終変位量の予測法である．ニューラルネットワークにより，地山の観察結果を用い

9.7 トンネルの変形量の予測

て，最終変位量の予測が試みられた．そのために，日本全国から集められた112トンネルのデータを用いて，地山観察データとトンネルの最終変位量との関係を，どのようにニューラルネットワークに学習させるか，が検討された．その結果，図9.7.1に示すニューラルネットワークモデルが最終的に採用された．

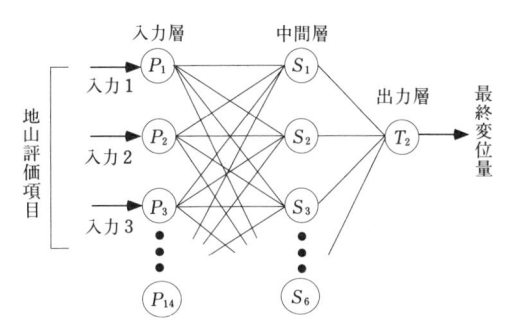

図 9.7.1　ニューラルネットワークモデル

図において，ニューラルネットワークの入力である地山評価項目とは，**表9.7.1**に示すようなものである．この表における地山評価項目に関しては，ランク付きの地山の評価規準が別に設定されている．そして，観察実施者がその規準に基づいて，判定したランクを記入した表と，後日判明したトンネルの最終変位量（内空変位と天端沈下）の記録が準備された．そして，それらを用いて，ニューラルネットワークの学習が実施された．

表 9.7.1　地山評価項目（文献9）より引用）

記号	地山評価項目	ランク	備　考
A	切羽の状態	1～4	
B	素掘面の状態	1～4	
C	圧縮強度	1～4	
D	風化変質	1～4	
E	割れ目の頻度	1～4	切羽観察記録
F	割れ目の状態	1～4	
G	割れ目の形態	1～4	
H	湧水	1～4	
I	水による劣化	1～4	
J	割れ目の方向性(横断方向)	1～6	
K	〃　　　　（縦断方向）	1～6	
L	土被り比	1～4	
M	特殊産状	1～4	
N	変位計測点での支保パターン	1～5	

9. 逆解析の適用例

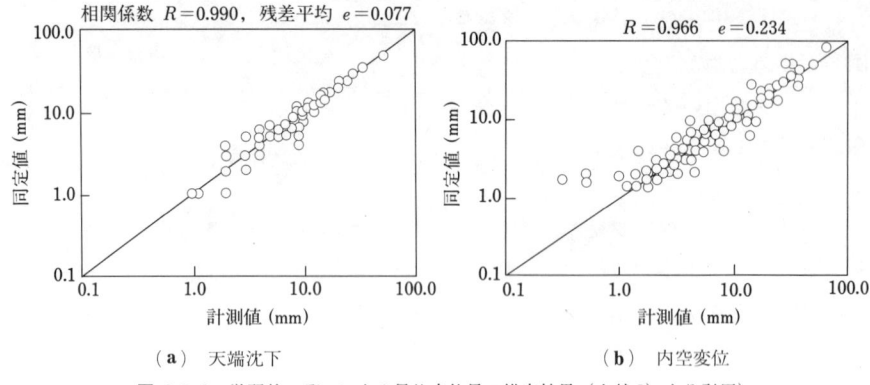

(a) 天端沈下　　　　　　　　(b) 内空変位

図 9.7.2　学習後モデルによる最終変位量の推定結果（文献 9）より引用）

　図 9.7.2 は学習後のニューラルネットワークを用いて，トンネルの最終変位量を推定した結果の一部である．横軸に観測値，縦軸に推定値をとっているので，1：1 のライン付近にプロット点が集まれば推定精度は高いといえる．図 9.7.2(a) は天端沈下に関する比較であり，図 9.7.2(b) は内空変位に関する比較結果である．
　これらの図から，推定精度は高いことがわかるが，それは学習用のデータについてである．この解析結果は全国のデータをまんべんなく学習したニューラルネットワークによるものである．それに対して，予測の対象は一部地域のデータに関してである．理想的には，全国のデータよりも，その地域の実状により近いデータのみを集めて学習した方が，ニューラルネットワークの予測精度は高いといえる．
　図 9.7.3(a) は学習用とは別に用意したデータ（■印）を図 9.7.2(a) に書き入れたものである．図によると，このままでは推定値と観測値の一致度は，追加データに関してはよくない．そこで，次のような修正が加えられた．すなわち，基本モデルの構築に用いた学習データの分布範囲と追加データの分布範囲を比較し，追加データの分布範囲周辺に位置する学習データを取り込んで，再学習が実施された．その結果が図 9.7.3(b) であり，今度は追加データについても一致度がよくなった．ただし，学習データの選定法に関しては，ここに示された方法以外の方法として，9.4 で前述したが，予測データに特性が類似しているデータのみを選び，

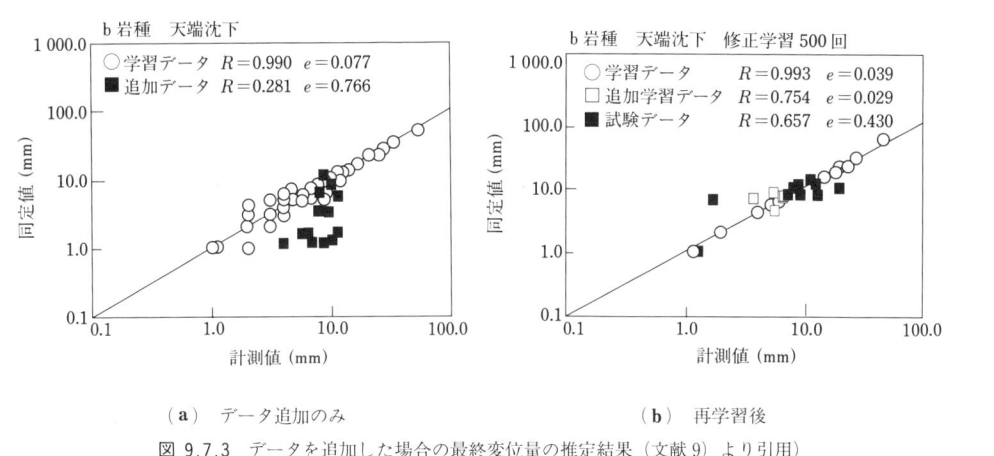

(a) データ追加のみ   (b) 再学習後

図 9.7.3 データを追加した場合の最終変位量の推定結果（文献9）より引用）

そのデータを用いて学習・予測する方法もある．

9.8 建築物の振動制御

地震動を受けて振動する構造物の運動方程式は5.7で前述したように，次式で与えられる．

$$M\ddot{x} + C\dot{x} + Kx = p$$

(9.8.1　5.7.1再掲)

式 (9.8.1) の第2項は減衰に関する項であるが，入力される地震動に応じて，この第2項を操作することにより，振動を制御することができる．

ニューラルネットワークを用いて，この第2項の最適値を逆解析し，振動を抑制する制御法

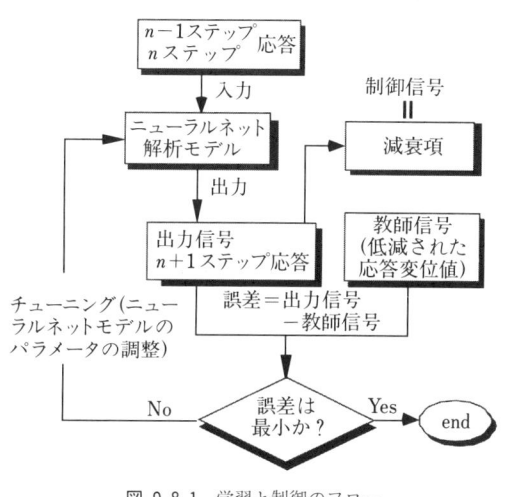

図 9.8.1 学習と制御のフロー

9. 逆解析の適用例

が平塚・新宮[10]によって提案されている．図9.8.1は学習と制御のフローである．このフローを逐次行うことにより，学習と制御が同時並行的に行われる．

図9.8.2は解析に用いられた質点系構造物モデルである．このモデルは15階建ての建物を模擬している．図9.8.2に示す構造物モデルの基礎部分に地震波を入力し，ニューラルネットワークによる制御が実施された．

図9.8.3は解析に用いられたネットワークモデルである．図に示すように，3層構造のモデルであり，入力は $n-1$ ステップ，n ステップにおける応答値であり，全部で92個ある．一方，出力は $n+1$ ステップにおける変位であり，15個ある．そして，出力結果と式(9.8.1)の関係を利用すれば，$n+1$ ステップにおける減衰項（式(9.8.1)の第2項）の値を求めることができる．その減衰項が必要制御力である．

ニューラルネットワークの学習は図9.8.1に示したように，ネットワークの出

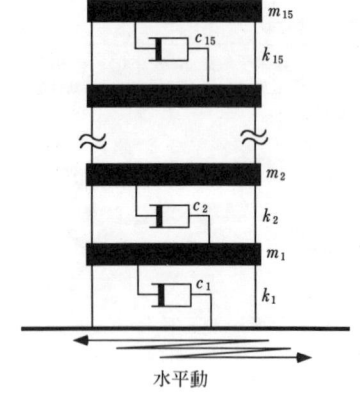

図 9.8.2 質点系構造物モデル（文献10より引用）

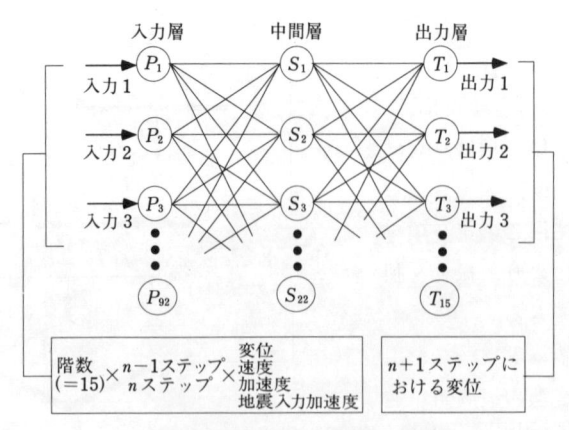

図 9.8.3 ネットワークモデル

力と教師信号（低減された応答変位値）の出力誤差がミニマムとなるように行われる．

図 9.8.4 は解析の結果である．図には制御時と非制御時（減衰率 0.05）の最大応答変位が比較して示されている．それによると，制御時の応答変位は非制御時よりも小さく，制御による効果が確認できる．

図 9.8.5 は各質点ごとの平均減衰率を非制御時と比較して示している．図によると，制御により各質点の減衰率を低減させる効果が現れていることがわかる．

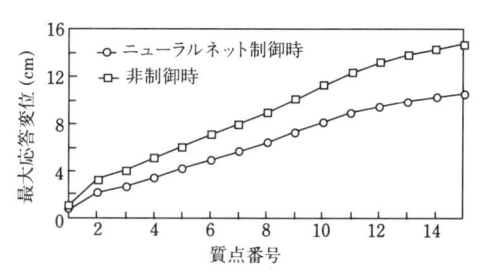

図 9.8.4　最大応答変位の比較（文献 10）より引用）

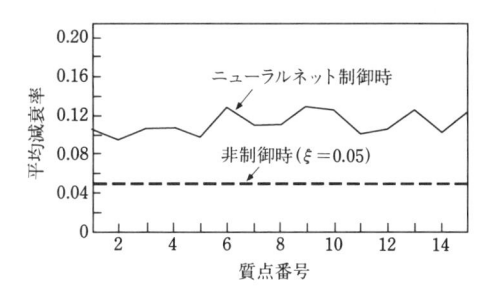

図 9.8.5　減衰率の比較（文献 10）より引用）

9.9　深礎工事の逆解析

NATM 工法は吹付けコンクリートとロックボルトで地山を補強しながら掘削する工法であり，トンネルの施工法として広く用いられてきた．トンネルは横方向への掘削であるが，NATM 工法を縦方向の掘削に用いることも可能であり，近年，縦方向掘削の施工例がしだいに増加している．

ここで紹介する最小 2 乗法による逆解析の事例は，瓜生・林[11),12)]によるものである．山岳地帯に建設された大規模な橋梁の基礎として，深礎工法が採用されたが，その掘削工法として NATM 工法が用いられた．図 9.9.1 はその断面を表している．深礎の直径は 14 m で，深さ 36 m の円筒形である．その壁面は図に示すように，ロックボルトとリングビームで補強され，表面は吹付けコンクリートで覆われている．地山は岩盤であるが，上部は風化している．掘削はロックボルトで補強しながら上部から段階的に行われた．掘削による応力解放により，地山

9. 逆解析の適用例

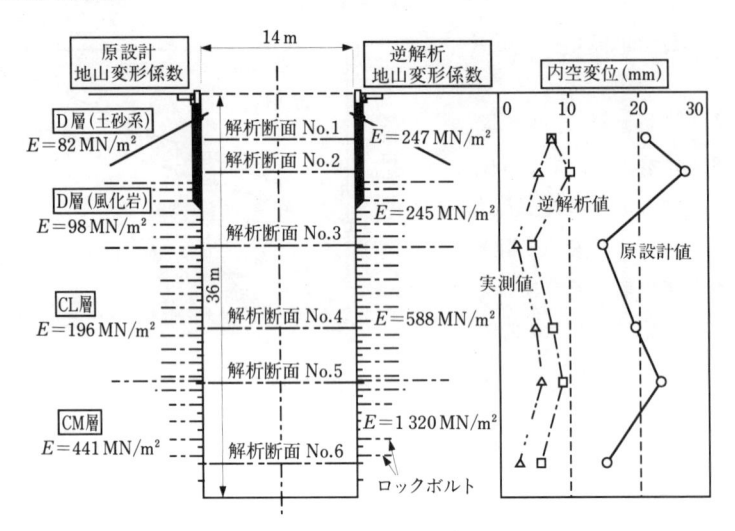

図 9.9.1 深礎の断面形状と内空変位計測結果（文献 11）より引用）

は徐々に内側へ変位してくる．この変位量を正確に予測することが困難であるので，逆解析が援用された．深礎掘削の途中段階で逆解析を行い，その結果に基づいて次段階以降の安全性と設計変更（ロックボルトの配置や長さ，リングビームの位置など）が検討された．

図9.9.2は解析に用いられた有限要素モデル（最終掘削段階のもの）である．解析は2次元であるが，縦方向断面と水平方向断面の2断面を取り扱うことにより，3次元的な挙動を把握できるように配慮されている．

深礎の挙動に影響する要因は数多くあり，それらをすべて考慮することはできない．深礎工事における最重要の管理項目は内空変位である．そこで，内空変位に大きな影響を及ぼすパラメータとして，地山の変形係数（ヤング率），吹付けコンクリートの変形係数，応力解放率の3つが選ばれた．そして，さらにその3つのパラメータについて，パラメータの感度が調べられた．図9.9.3はその結果である．縦軸に内空変位，横軸に各パラメータ値を設計値で除した値をとり，プロットされている．この図より地山の変形係数の感度が他のパラメータよりも顕著であると判断されたので，地山の変形係数のみを未知パラメータとして逆解析が行われた．

9.9 深礎工事の逆解析

縦断解析

EL 308.000

EL 272.000

（設計値）
D層（土砂部）
変形係数 $E=82\,\text{MN/m}^2$
ポアソン比 0.38
粘　着　力 $c=0\,\text{kN/m}^2$
内部摩擦角 30°
単位重量 17.6 kN/m³

D層（風化部）
変形係数 $E=98\,\text{MN/m}^2$
ポアソン比 0.35
粘　着　力 $c=49\,\text{kN/m}^2$
内部摩擦角 30°
単位重量 19.6 kN/m³

CL層
変形係数 $E=196\,\text{MN/m}^2$
ポアソン比 0.32
粘　着　力 $c=196\,\text{kN/m}^2$
内部摩擦角 30°
単位重量 22.5 kN/m³

CM層
変形係数 $E=441\,\text{MN/m}^2$
ポアソン比 0.32
粘　着　力 $c=686\,\text{kN/m}^2$
内部摩擦角 30°
単位重量 22.5 kN/m³

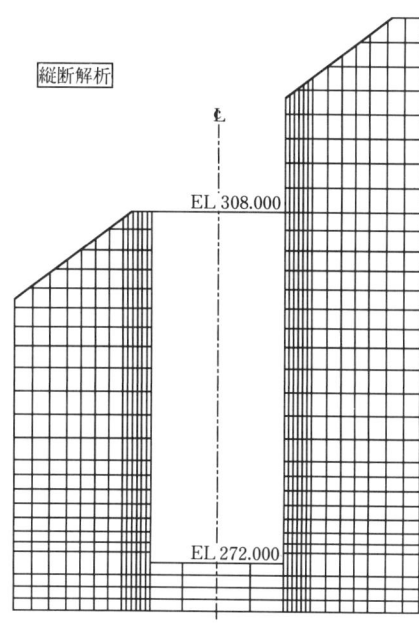

（a）　縦方向断面

平面解析

（b）　横方向断面

図 9.9.2　有限要素解析モデル（文献 11）より引用）

9. 逆解析の適用例

図9.9.1に逆解析の結果，得られた地山の変形係数が表示されている．図には原設計における設定値も併せて表示されているが，両者を比べると逆解析値は原設計値の2.5〜3倍である．

逆解析の結果，得られた地山の変形係数を用いて，解析により最終段階の内空変位が予測された．図9.9.1にその結果が実測値とともに示されている．それによると，予測値は実測値とはよい対応を示している．また，原設計値とは2〜3倍の開きがあることがわかる．

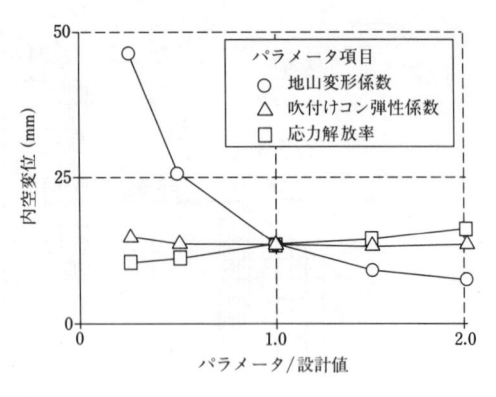

図 9.9.3 パラメータの感度解析（文献11）より引用）

9.10 近接工事の影響の逆解析

ここでの事例は桧山・佐久間ら[13]によるものである．既設橋梁に近接して，新設橋梁が計画された．新設・既設両橋梁の基礎は図9.10.1に示すようにケーソン基礎であり，双方の距離は，一番近い部分で約13mである．このよう近接しているために，新設基礎の施工に伴う地盤の変形が既設基礎に影響を及ぼすことが懸念された．そこで，既設基礎の動態観測を行い，その結果を用いた逆解析（最小2乗法）により，次段階以降の既設基礎の挙動が予測された．

新設ケーソンの施工法として，ニューマチックケーソン工法が採用された．ニューマチックケーソン工法においては，基礎の施工は次のように行われる．まず，ケーソンの底面が遠隔操作のマシンで掘削される．これによりケーソンの下に空洞ができ，その結果，自重でケーソンが沈下する．ケーソンが所定の位置に沈設するまで，このような作業が繰り返し続けられる．

ケーソンの底面の掘削はケーソンが傾いたり，水平方向に変位しないよう慎重に行われる．しかし，ある程度の傾斜や変位が生じるのは避けることができない．

9.10　近接工事の影響の逆解析

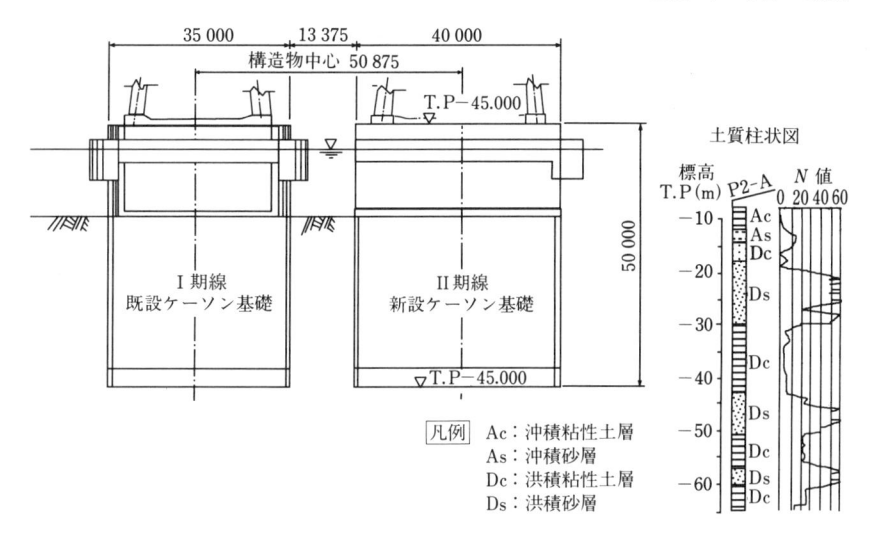

図 9.10.1　新設・既設両基礎の近接状況（文献 13）より引用）

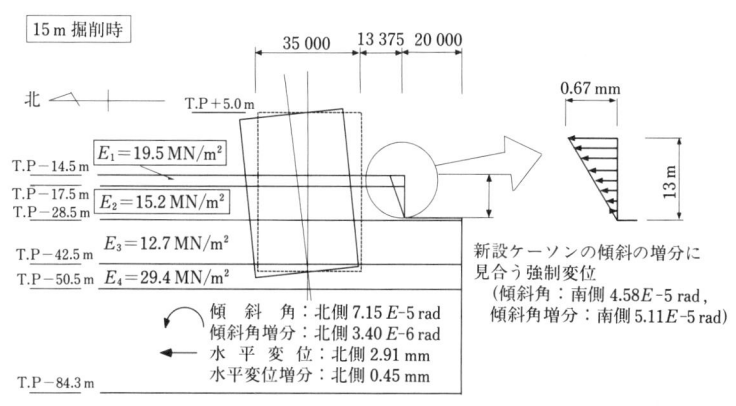

図 9.10.2　深さ 15 m 掘削時の逆解析結果（文献 13）より引用）

表 9.10.1　管理基準値をこえる場合の対策（文献 13）の表に加筆）

状　況	対　策
予測＜基準 1	今までどおり施工を続ける
基準 1＜予測＜基準 2	底面掘削工法を変更する
基準 2＜予測＜基準 3	施工をより慎重に，最終段階の予測を行う
基準 3＜予測	工事を中断し，鋼管杭打設などの対策を実施する

9. 逆解析の適用例

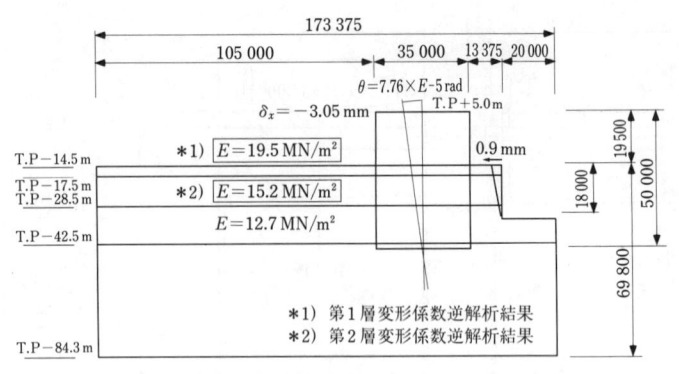

図 9.10.3 深さ 20 m 掘削時の予測（文献 13）より引用）

ちなみに，図 9.10.2 では，深さ 15 m 掘削したときに地表部分で 0.67 mm の水平変位が生じるような傾斜が生じている．

既設橋梁基礎の設計をチェック・再解析することにより，既設基礎に許容される傾斜や変位を推定することができる．その結果に基づいて，管理基準値と対策が設定された．表 9.10.1 は観測値・予測値が管理基準値をこえる場合の対策である．

逆解析には 2 次元有限要素法（線形弾性解析）が用いられた．そして，既設ケーソンの変形にもっとも影響を及ぼす地層を特定し，その地層のヤング率が逆解析により推定された．通常の有限要素解析で荷重に相当するものは，本解析では強制変位である．図 9.10.2 に示すように，新設ケーソンの側面の変位をその位置に強制変位として与え，それによる既設ケーソンの変位を求める．そして，その変位推定値と観測値の残差平方和が最小となるように，解の探索が行われた．図 9.10.2 は 15 m 掘削時の逆解析結果である．

逆解析により推定された地盤のヤング率を用いて，次段階以降の既設ケーソンの挙動が解析により予測された．図 9.10.3 は深さ 15 m 掘削時の逆解析結果を用いて予測された深さ 20 m 掘削時の変形状態である．

文献

1) 岸尾俊茂,太田擴,橋本正,譽田孝宏,斉藤悦郎,小林範之:逆解析に基づく大阪地盤の土留め作用側圧と地盤反力係数,土木学会論文集,No.560, pp.107-116, 1997.
2) 近久博志,津崎淳一,中原博隆,桜井春輔:現場計測データに基づくマスコンクリート構造物の熱特性のための逆解析手法,材料,Vol.42, No.475, pp.436-441, 1993.
3) 山上拓男,森国夫,植田康宏,安富英樹:テールアルメ盛土斜面の逆解析を活用した情報化施工例,第36回土質工学シンポジウム発表論文集,pp.99-104,地盤工学会,1991.
4) 下平丕作士:ニューラルネットワークを用いた空調の予熱・予冷時間の予測における学習データの選定方法,日本建築学会計画系論文集,第480号,pp.39-46, 1996.
5) 百里富美子,川上義嗣,遠藤龍司,鈴木秀三,登坂宣好:構造モデルの損傷同定解析について,日本建築学会大会学術講演梗概集,B-1, pp.397-398, 1998.
6) 西島由美,川上義嗣,遠藤龍司,登坂宣好:フィルタ理論を用いた大型浮遊式海洋建築物の損傷同定解析,日本建築学会大会学術講演梗概集,A-2, pp.359-360, 1998.
7) 邉吾一,西恭一,黄一正,藤川由美:ニューラルネットワークと実験データによるCFRP積層材の損傷同定,日本機械学会論文集(A編),62巻,602号,pp.152-157, 1996.
8) 関口司,魚本健人,高田良章,渡部正:ニューラルネットワークを用いたコンクリート実験のデータ解析に関する研究,土木学会論文集,No.460, pp.65-74, 1993.
9) 中田雅博,荒木義則,鈴木昌次,大木戸孝也,古川浩平,中川浩二:ニューラルネットワークを用いたNATM施工時の最終変位量の予測に関する研究,土木学会論文集,No.581, pp.71-81, 1997.
10) 平塚聖敏,新宮清志:ニューラルネットワークを用いた多質点系構造物の振動制御,日本建築学会大会学術講演梗概集,A-2, pp.435-436, 1997.
11) 瓜生正樹,林茂勝,丸岡正季,山地斉:大口径深礎の情報化施工,土木学会第51回年次学術講演会梗概集,第6部門,pp.174-175, 1996.
12) 瓜生正樹,林茂勝,丸岡正季,山地斉:大口径深礎基礎工事における情報化施工,基礎工,Vol.27, No.6, pp.28-32, 1999.
13) 桧山義光,佐久間智,前川利聡,広瀬剛:大深度ニューマチックケーソンの近接施工,土木施工,Vol.37, No.11, pp.29-35, 1996.
14) 高田良章,魚本健人:コンクリートの中性化速度に及ぼす影響,土木学会論文集,No.451, pp.119-128, 1992.

索引

[ア行]

赤池情報量規準　　*12, 115*
ANFIS　　*105*

1次関数平面　　*104*
1次結合　　*39*
遺伝的アルゴリズム　　*11, 21*

影響係数法　　*61*
ARMAモデル　　*35*
AIC　　*12, 115*
SQP法　　*27*
$1/f$型スペクトル分布　　*128*
$1/f$ゆらぎ　　*128*

応答関数　　*88*
オフライン方式　　*65*
重み係数　　*15, 90*
オンライン方式　　*65*

[カ行]

階層構造　　*89*
ガウス過程　　*41*
ガウス分布　　*42*
ガウス・マルコフ過程　　*42*
カオス的最急降下法　　*11, 22*
学習　　*18, 87*
学習比　　*92*

確率密度関数　　*47, 116*
カルマンゲイン　　*49*
カルマンフィルタ　　*20, 43, 45*
慣性法　　*92*
観測誤差　　*14*
観測誤差分散　　*51, 52, 121*
観測ノイズ　　*50*

逆定式化法　　*28*
教師信号　　*88, 89, 107*

減衰マトリックス　　*75*

剛性マトリックス　　*75, 144*
誤差共分散マトリックス　　*50, 59*
固有円振動数　　*40, 81, 144*
固有周期　　*41, 81*
固有値　　*35, 38*

[サ行]

最急降下法　　*25*
最小2乗法　　*63*
最大対数尤度　　*116*
最適化　　*24*
最適解　　*10*
座標変換　　*39*
三角形型メンバーシップ関数　　*104*
残差　　*15*
残差平方和　　*144*

索引

時間雨量　**93**
しきい値　**14**, 90
シグモイド型メンバーシップ関数　**104**
シグモイド関数　**89**
自己回帰移動平均モデル　**36**
自己相関関数　**31**
自己相関係数　**36**, 141
次数　**37**
実効雨量　**93**
質量マトリックス　**75**, 144
地盤反力係数　**133**
地山評価　**149**
従属変数　**63**
出力関数　**88**
出力誤差　**91**, 107
出力層　**87**
順解析　**1**
準ニュートン法　**25**
状態変数　**45**
状態方程式　**36**
状態量　**34**, 144
初期値　**9**, 52
深礎　**153**
振動制御　**151**
振動方程式　**35**, 40, **75**

推定誤差　**8**, 68
スペクトル数　**129**

制約条件　**24**
線形最小2乗法　**63**

損傷度　**144**

[タ行]

ダービン・ワトソン検定　**126**
対数尤度　**116**
弾塑性法　**133**

逐次2次計画法　**17**, 27
中間層　**87**, 118
中性化深さ　**147**
直接積分法　**36**
直接定式化法　**28**

定常　**31**
Taylor展開　**26**
テールアルメ工法　**138**
伝達関数　**88**

動的解析　**75**
特性方程式　**39**
独立変数　**63**

[ナ行]

NATM　**148**, 153

ニュートン法　**25**
ニューマチックケーソン　**156**
ニューラルネットワーク　**18**, 20, **87**
入力層　**87**
ニューロ・ファジィ　**18**, 21, **101**
ニューロン　**90**

熱伝達係数　**135**

162

索引

[ハ行]

バースト **22**
バックプロパゲーション **91**

Biotの圧密理論 **13**, 37
ヒストグラム **32**
非線形解析 **81**
非線形最小2乗法 **65**
非定常 **31**

ファジィ推論 **101**
ファジィ・ルール **106**
フラクタル **128**
フラクタル次元 **130**

ベイズの定理 **42**, 47, 123
ベル型メンバーシップ関数 **104**, 106
変換マトリックス **45**, 50, **58**

補間 **15**

[マ行]

マルコフ過程 **32**

メンバーシップ関数 **101**

目的関数 **10**, 14, **24**, 48, 63

[ラ行]

ラグランジェの乗数法 **26**
ラグランジェの補間法 **15**

Levenberg-Marqurdt法 **25**, 93
離散型状態方程式 **37**
離散系 **34**
離散時間状態量 **34**

連続型状態方程式 **37**
連続系 **34**
連続時間状態量 **34**

163

プログラムの使用法について (README.TXT)

（1） 初めに CD-ROM を開くと，次の3つのフォルダが存在している．
[1] 学習用…………解析結果の書き込み用ファイル有り（全ファイル）
[2] 解析用…………解析結果の書き込み用ファイル無し
[3] README.TXT……プログラムの使用法

　p.167 に，全ファイルの構成（[1] 学習用フォルダ）を図示する．本書の内容と各ファイルとの関係は，この図により知ることができる．

　図に示すように，
<FORTRAN> の場合，
プログラム名は "Program.f"
入力データ名は "data.inp"
出力データ名は "data.out"
である．つまり，
　"Program.f" を実行すると
　"data.inp" より計算条件を入力し，
　"data.out" に結果を出力する．

（2） <FORTRAN> は，すべてテキストデータである．
<MATLAB> では，拡張子が ".mat" のファイル，すなわち
"net.mat" および
"fismat.mat"
の2つはバイナリデータであり，それ以外はすべてテキストファイルである．

（3） [1] 学習用と [2] 解析用の相違点
　[1] 学習用と [2] 解析用は基本的に同じものであるが，相違点は解析結果の書き込み用ファイルの有無である（(1)参照）．読者の目的に応じて，適した方を使用されたい．

　解析を行わず，単に，プログラムリストや入・出力データを理解したい読者には，全データを含む [1] 学習用のフォルダが適している．

　それに対して，CD-ROM のプログラムにより解析を行う読者には，[2] 解析用のフォルダが適している．その場合，解析により得られた結果をファ

イルに保存しようとすると，指定したファイル名と同一名のファイルが既に存在する場合，エラーとなるケースがある．このような事態を避けるため，[２]解析用では，出力結果の書き込み用ファイルを，あらかじめ削除してある．

また，[２]解析用を用いて解析を実行する場合は，データの書き込みが必要なので，CD-ROMから他のメディア（ハードディスク等）に，[２]解析用をコピーした後，実施する必要がある．

前述した解析結果の書き込み用ファイルとは，次のようなものである．

〈MATLAB〉の場合

"para.dat"

"net.mat"

"fismat.mat"

〈FORTRAN〉の場合

"data.out"

(4) 〈MATLAB〉は，

[MATLAB Ver.5.2]により動作を確認済み，

〈FORTRAN〉は，

[富士通 FORTRAN 77]，および[LS FORTRAN]（MPW；Apple Computer, Inc.）により動作確認済みである．

なお，以上の動作確認では，パソコンのOSとして，

[Windows 98]，

[MacOS 8.5]

を用いた．

(5) CD-ROMに含まれる〈MATLAB〉のすべてのプログラムを実行するには，〈MATLAB〉本体に加えて，オプションであるサブルーチン・パッケージの

《Neural Network Toolbox》 《Fuzzy Logic Toolbox》

が必要である．また，それとは別に，新たに逆解析を〈MATLAB〉を用いて実行するために〈MATLAB〉の購入を検討される読者がいるとすれば，

《Optimization Toolbox》 《Control System Toolbox》

もあればより望ましい．

プログラムの使用法について

プログラム・データ

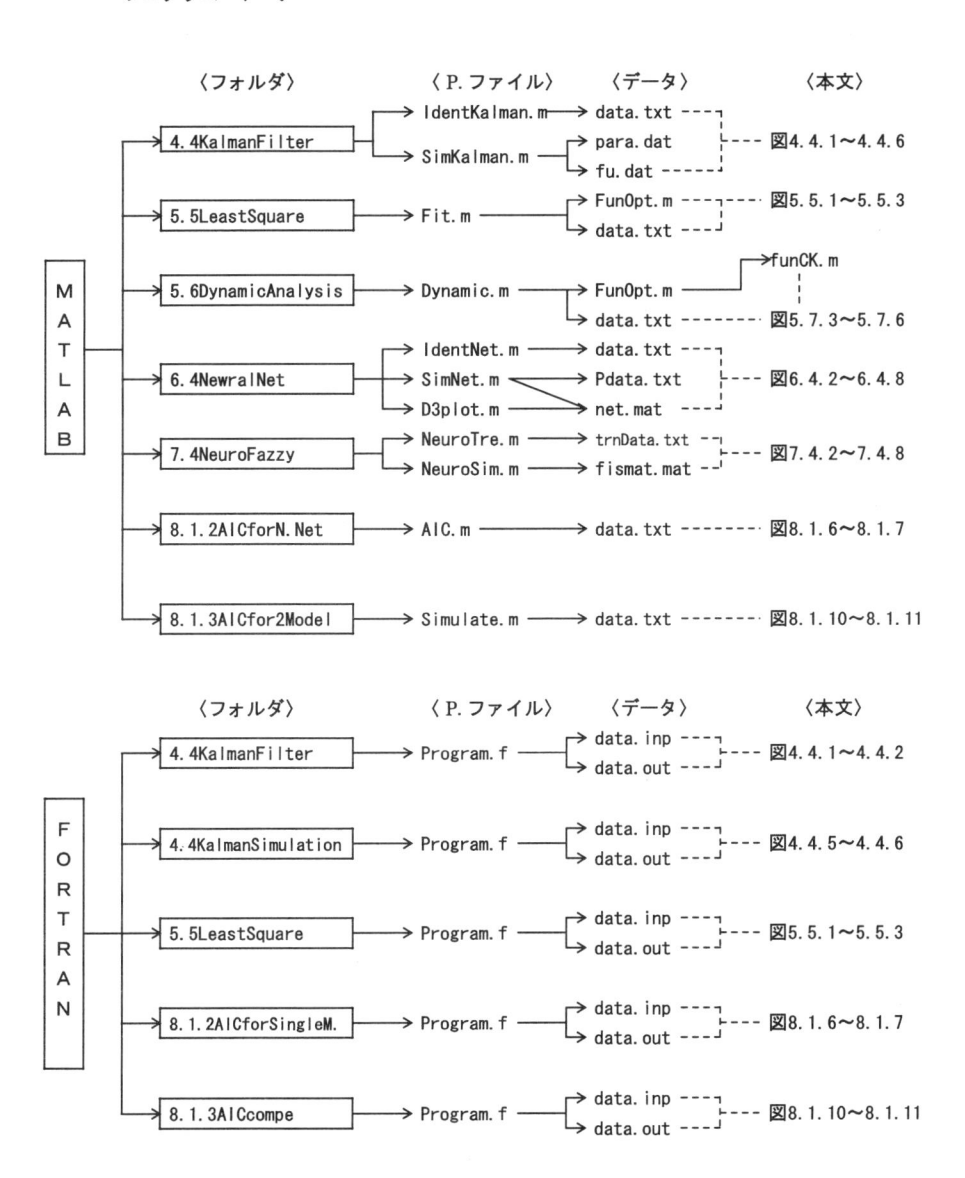

```
                〈フォルダ〉        〈P.ファイル〉      〈データ〉        〈本文〉

                ┌─ 4.4KalmanFilter ─┬→ IdentKalman.m ─→ data.txt ──┐
                │                   │                  ┌→ para.dat  ├── 図4.4.1～4.4.6
                │                   └→ SimKalman.m ────┤            │
                │                                      └→ fu.dat ───┘
                │                                      ┌→ FunOpt.m ─┐
                ├─ 5.5LeastSquare ───→ Fit.m ──────────┤            ├── 図5.5.1～5.5.3
                │                                      └→ data.txt ─┘
M               │                                                        →funCK.m
A               │                                      ┌→ FunOpt.m ─────┤
T               ├─ 5.6DynamicAnalysis ─→ Dynamic.m ────┤                │
L               │                                      └→ data.txt ─────── 図5.7.3～5.7.6
A               │                   ┌→ IdentNet.m ─→ data.txt ──┐
B               │                   │                ┌→ Pdata.txt│
                ├─ 6.4NewralNet ────┼→ SimNet.m ─────┤           ├── 図6.4.2～6.4.8
                │                   └→ D3plot.m ─────→ net.mat ──┘
                │                                                
                │                   ┌→ NeuroTre.m ──→ trnData.txt ─┐
                ├─ 7.4NeuroFazzy ───┤                              ├── 図7.4.2～7.4.8
                │                   └→ NeuroSim.m ──→ fismat.mat ──┘
                │
                ├─ 8.1.2AICforN.Net ──→ AIC.m ───────→ data.txt ──── 図8.1.6～8.1.7
                │
                └─ 8.1.3AICfor2Model ─→ Simulate.m ──→ data.txt ──── 図8.1.10～8.1.11


                〈フォルダ〉        〈P.ファイル〉      〈データ〉        〈本文〉

                ┌─ 4.4KalmanFilter ──→ Program.f ─────┬→ data.inp ─┐
                │                                     └→ data.out ─┴── 図4.4.1～4.4.2
                │
F               ├─ 4.4KalmanSimulation → Program.f ───┬→ data.inp ─┐
O               │                                     └→ data.out ─┴── 図4.4.5～4.4.6
R               │
T               ├─ 5.5LeastSquare ────→ Program.f ────┬→ data.inp ─┐
R               │                                     └→ data.out ─┴── 図5.5.1～5.5.3
A               │
N               ├─ 8.1.2AICforSingleM. → Program.f ───┬→ data.inp ─┐
                │                                     └→ data.out ─┴── 図8.1.6～8.1.7
                │
                └─ 8.1.3AICcompe ─────→ Program.f ────┬→ data.inp ─┐
                                                      └→ data.out ─┴── 図8.1.10～8.1.11
```

167

［著者紹介］

脇田英治（わきた　えいじ）

1973 年　名古屋大学工学部土木工学科卒業
1994 年　名古屋大学工学博士

1973 年より，清水建設株式会社勤務，現在，同社技術研究所勤務．

技術士（建設部門）

主著

『数値解析のはなし―これだけは知っておきたい―』（技報堂出版），
『情報化施工技術総覧』（分担執筆，産業技術サービスセンター），
『地盤改良効果の予測と実際』（分担執筆，地盤工学会），
など．

逆解析の理論と応用
――建設実務のグレードアップとコストダウンのために――

定価はカバーに表示してあります

2000 年 2 月 25 日　1 版 1 刷発行　　ISBN 4-7655-1605-9 C 3051

著　者	脇　田　英　治	
発行者	長　　祥　　隆	
発行所	技報堂出版株式会社	

〒 102-0075　東京都千代田区三番町 8-7
　　　　　　　　（第 25 興和ビル）

日本書籍出版協会会員
自然科学書協会会員
工学書協会会員
土木・建築書協会会員
Printed in Japan

電話　営業 (03)(5215) 3165
　　　編集 (03)(5215) 3161
　　　FAX (03)(5215) 3233
振替口座　　00140-4-10

Ⓒ Eiji Wakita, 2000　　装幀　海保　透　　印刷　新日本印刷　　製本　鈴木製本
落丁・乱丁はお取替えいたします．

Ⓡ〈日本複写権センター委託出版物・特別扱い〉
本書の無断複写は，著作権法上での例外を除き，禁じられています．
本書は，日本複写権センターへの特別委託出版物です．本書を複写される場合は，そのつど
日本複写権センター（03-3401-2382）を通して当社の許諾を得てください．

●小社刊行図書のご案内●

土木用語大辞典	土木学会編 B5・1680頁
建築用語辞典(第二版)	編集委員会編 A5・1258頁
鋼構造用語辞典	日本鋼構造協会編 B6・250頁
土木工学ハンドブック(第四版)	土木学会編 B5・3000頁
建築材料ハンドブック	岸谷孝一編 A5・630頁
鋼構造技術総覧[土木編]	日本鋼構造協会編 B5・480頁
鋼構造技術総覧[建築編]	日本鋼構造協会編 B5・720頁
コンクリート便覧(第二版)	日本コンクリート工学協会編 B5・970頁
SCSS-H97 鉄骨構造標準接合部・H形鋼編	鉄骨構造標準接合部委員会編 A4・218頁+標準図集(A2・74葉)
工学系のための**常微分方程式**	秋山成興著 A5・204頁
工学系のための**偏微分方程式**	秋山成興著 A5・222頁
構造力学の基礎 I・II	佐武正雄・村井貞規著 A5・各154・290頁
よくわかる**構造力学ノート**	四俵正俊著 B5・260頁
よくわかる**有限要素構造解析入門**—BASICによるプログラムFD付き	T.Y.Yang著/当麻庄司ほか訳 A5・400頁
Visual Basicソフトによる**梁の構造解析**—単純梁・片持ち梁編	加村隆志著 A5・70頁(CD-ROM付き)
RC建築物躯体の**工事監理チェックリスト**	日本建築構造技術者協会編 B5・160頁
杭の**工事監理チェックリスト**	日本建築構造技術者協会編 B5・208頁

技報堂出版 TEL編集03(5215)3161 営業03(5215)3165
FAX03(5215)3233